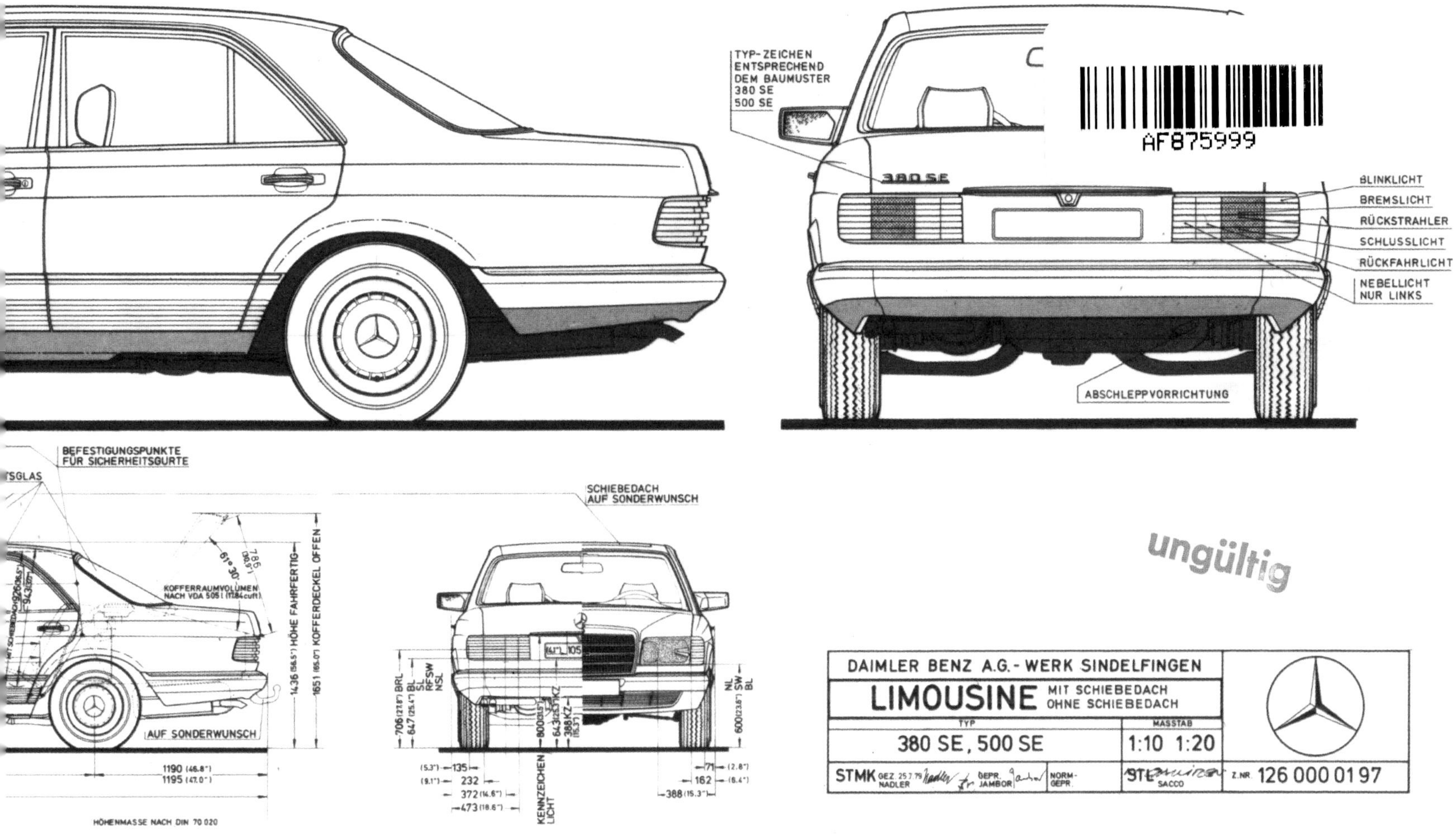

DAIMLER BENZ A.G. - WERK SINDELFINGEN

LIMOUSINE MIT SCHIEBEDACH / OHNE SCHIEBEDACH

TYP	MASSTAB
380 SE, 500 SE	1:10 1:20

STMK GEZ. 25.7.79 NADLER · GEPR. JAMBOR · NORM-GEPR. · STL SACCO · Z.NR. 126 000 01 97

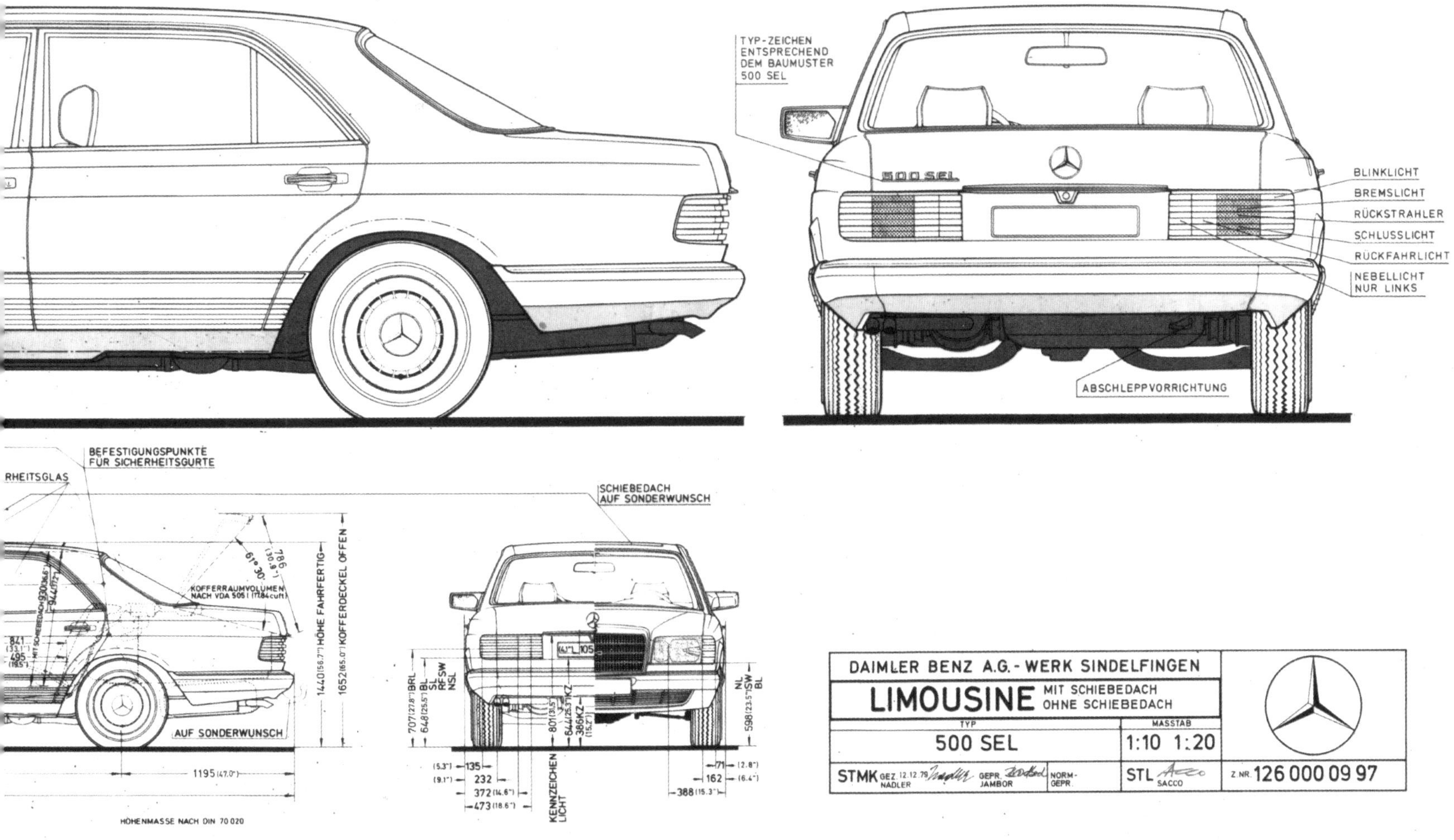

DAIMLER BENZ A.G. - WERK SINDELFINGEN

LIMOUSINE MIT SCHIEBEDACH / OHNE SCHIEBEDACH

TYP	MASSTAB
500 SEL	1:10 1:20

STMK GEZ. 12.12.79 NADLER · GEPR. JAMBOR · NORM-GEPR. · STL SACCO · Z.NR. 126 000 09 97

Heribert Hofner | Hans-Peter Lange | Stefan Commertz

Mercedes-Benz W 126

Die S-Klasse – Das beste Auto der Welt

HEEL

Impressum

HEEL Verlag GmbH
Gut Pottscheidt
53639 Königswinter
Telefon 02223 9230-0
Telefax 02223 923013
info@heel-verlag.de
www.heel-verlag.de

Verantwortlich für den Inhalt: Heribert Hofner, Hans-Peter Lange (© für den Datenteil) und Stefan Commertz

Bildnachweis: Mercedes-Benz Classic Archives, Jan Strunk, Archiv Ralf Weber, Archiv Commertz, Jost Neßhöver, Dipl.-Ing. Hans-Peter Lange, Archiv der MBIG e.V., Robb Pritchard, Heiko Halberstadt

Mit besonderem Dank an Gerhard Heidbrink (Mercedes-Benz Classic), an Jan Strunk für schier endlose Fotofahrten und -shootings landauf, landab, an Ralf Weber vom MB-Stammtisch Hofheim, an alle Autobesitzer, die sich Zeit für die Foto-Produktionen genommen haben, an den S-Klasse-Stammtisch Böblingen um Roland Manschatz, an den C-126-Exotenclub, an Fred Oehmke, an Stephan Wolf, Karosseriebau & Lackierungen Pütz in Bonn, an Dieter Kolfenbach, Erpel, an Franz Robert von EnBW sowie an Siegfried Kuderer von Taxi Kuderer, Frankfurt, und an die Optik Werkstatt Nikolai in Kriftel

Lektorat: Jost Neßhöver

Satz und Gestaltung: gb-s Mediendesign, Königswinter

Covergestaltung: A. Mertens, HEEL Verlag

Printed in Italy

ISBN 978-3-95843-557-5

HERIBERT HOFNER | HANS-PETER LANGE | STEFAN COMMERTZ

Mercedes-Benz W 126

DIE S-KLASSE – DAS BESTE AUTO DER WELT

HEEL

Inhaltsverzeichnis

S TD 126H

Vorworte

Die Baureihe 126 stellt mit einem Produktionsergebnis von mehr als 892.000 Einheiten – darunter 74.060 SEC-Coupés – die bis in unsere Tage nach absoluten Zahlen erfolgreichste Typenreihe der S-Klasse von Mercedes-Benz dar. Im Luxussegment treten die Hundertsechsundzwanziger als die unangefochtenen Weltmarktführer ihrer Zeit auf. In der Crème der automobilen Crème spielen sie überall auf Erden ihre elitäre Rolle, mit einem von Robustheit und absoluter Verlässlichkeit geprägten Renommee. Das tun sie noch heute – vom australischen Outback bis zu den Nobeladressen Thailands, auf den engen Bergstraßen des japanischen Inselreichs und den staubigen Pisten des Iran.

Selbst dem Familieninventar des House of Windsor, dem Haushalt des Prince of Wales im Londoner St. James's Palace, gehörte der 126er an. Und noch auf den engen Verkehrswegen des wirtschaftlich undurchsichtigen, in vielerlei Hinsicht bedürftigen italienischen Mezzogiorno waren sie ungeachtet ihrer stattlichen Erscheinung präsent – gar nicht so selten mit Chauffeur. Und bei der Nomenklatura des letzten Landes hinterm Eisernen Vorhang, Nordkorea, nehmen sie noch immer ihre staatstragenden Aufgaben wahr.

Sie markieren wie kaum eine andere Modellfamilie unter dem Dreizackstern die automobile Zeitenwende in der repräsentativen Oberklasse: Plastik ersetzt Chrom und Edelstahl, mechanisch ermittelte analoge Messgrößen weichen in rasch zunehmendem Maß digital gesteuerter Elektronik. Mit der Baureihe 126 wird die Konzeption der S-Klasse mehr denn je von Weitblick, Vernunft und Sachlichkeit geprägt, was in erster Linie der veränderten Energie- und Umweltsituation geschuldet ist. Erstmals beeinflussen geoökonomische Erfordernisse die konstruktive Auslegung eines Automobils der europäischen Luxuskategorie, der Fünfmeterklasse der Alten Welt.

Die Ausfuhrquote von mehr als 65 Prozent kann durchaus als eines der Merkmale des Verkaufserfolgs gelten. Etwa ein Drittel der Produktion wird in die USA und nach Kanada verschifft, ein weiteres Drittel wird im Geburtsland abgesetzt, und der Rest verteilt sich auf die große weite Welt – siehe oben. Nicht zuletzt dank der weltweiten Nachfrage entwickeln sich die 126er innerhalb ihrer Kategorie geradezu zum Volumenmodell …

Gar nicht so neu oder etwa abwegig ist dagegen die Euphorie, die sich bei der Vorstellung der 126er in den Schlagzeilen der internationalen Fachpresse – besonders aber in den USA als Hauptexportland – widerspiegelt: Superlative wie „World Champion", „Best Mercedes ever" stehen Alleinstellungs-Behauptungen wie „A class of its own" oder dem Wortspiel „New S-Class is first class" im tonangebenden Magazin *Road & Track* gegenüber. In Großbritannien fällt das Schlagwort „sheer quality": Im Vereinigten Königreich halten es fantasiebegabte Fachjournalisten durchaus für denkbar, dass bei

Rolls-Royce in Crewe in der Grafschaft Cheshire, wo seit 14 Jahren der wenig progressiv konzipierte Silver Shadow entsteht, beim Debüt des W/V 126 das kalte Entsetzen ausbricht …

Spaß beiseite: In der traditionell stockkonservativ ausgerichteten Tageszeitung *The Daily Telegraph* drückt man sich bei der Vorstellung der Baureihe 126 auf unbritische Weise geradezu überschwänglich aus: „Nichts kann das Verweilen auf der Rückbank einer Mercedes-Benz-S-Klasse übertreffen – es sei denn der Platz hinter dem Lenkrad." Soviel zur Fahrdynamik der schwäbischen Oberklässler.

Klar, die 126er kosten viel Geld, auch in der Schweiz. Dort schreibt die *Automobil Revue* dennoch vom Gegenwert, den die großen Autos angesichts „ihrer Spitzentechnologie und als Vertreter besten zeitgenössischen Automobilbaus" bieten. Und in einem weiteren deutschsprachigen Blatt ist bei der Präsentation die Rede vom „polierten Stern" – das klingt angesichts jener Elogen schon fast banal.

Worauf gründet nun dieses beispiellose globale Ansehen der Baumusterfamilie 126? Die unvergleichliche Fertigungs-Pedanterie äußert sich beispielsweise in dem unnachahmlich satten Geräusch beim Schließen der Türen, wobei einem das alte Wort vom „Wagenschlag" in den Sinn kommt. Dem Wohlfühleffekt der Insassen kommt die lichte Weite des großzügig und behaglich gestalteten Innenraums ebenso entgegen wie die hochwertige Materialanmutung im Interieur. Die Sicherheits-Fahrgastzelle im Verbund mit den weiteren Schutzkomponenten wie ASR, Airbag und Gurtstraffer gilt als epochemachend.

1981 ist die S-Klasse der Baureihe 126 weltweit das erste Auto, das – vorerst noch als Sonderausstattung – mit Fahrer-Airbag ausgestattet werden kann. Die 126er erfüllten mit ihrer formfesten Fahrgastzelle weltumfassend als erste Automobile während ihrer Entwicklung die Anforderungen des praxisgerechten Offset-Crash-Tests – einem um 40 Grad versetzten Frontalaufprall mit 55 km/h auf ein festes Hindernis. Schließlich spielen auch die ausgeprägten Langzeitqualitäten eine wesentliche Rolle: Eine Mercedes-S-Klasse vermag eben in Würde alt zu werden.

Im Februar 1999 schreibt das Fachblatt *AutoBild* in einer Gebrauchtwagen-Kaufberatung unter der Schlagzeile „Chefsessel für 2000 Mark" von der großen Klasse für kleines Geld. Dieser Status der 126er ist längst im Staub der Geschichte entschwunden. Heute erfreuen sich die S-Klässler der Generation 126 trotz deutlich steigender Preise eines ständig wachsenden Liebhaberkreises und verkörpern das vollendete Bindeglied zwischen Klassik und Moderne, zwischen Tradition und Fortschritt.

Und zum Sympathieträger wurde die Baureihe 126 nachträglich in verstärktem Maße – und das liegt zum Teil an ihrem Nachfolger. Man muss keine Sternbrille tragen, um heutzutage zu erkennen, dass im mitteleuropäischen Verkehrsbild des Alltags von der jüngeren Folgegeneration 140 auch nicht mehr Exemplare unterwegs sind als vom 126er. Das ist erklärlich, denn die dicken Pötte erreichten in einer wesentlich kürzeren Modelllaufzeit – sieben gegenüber zwölf Jahren – nicht einmal die halbe Stückzahl ihrer Vorgänger.

Dazu kommt die relativ hohe Exportquote während des Gebrauchtwagenstadiums, die zu einem zweiten, dritten oder weiteren Leben unter anderem in Osteuropa, in Nah- und Fernost führte. Doch die Zeit heilt alle Wunden, und diese Diskrepanz zu Lasten der 140er befindet sich längst im Abbau. Die vor mehr als einem Vierteljahrhundert böse karikierten und von der breiten Masse geschmähten massiven Dickschiffe erleben nun im Fokus der Kenner und Liebhaber jenseits aller Stilkritik ihre verdiente Rehabilitation und steuern unverkennbar auf eine späte Liebe zu. Schließlich sind auch sie unzweifelhaft perfekte Automobile.

Der Liebhaberstatus der 126er wird indessen noch für längere Zeit der ausgeprägtere sein – in allen Schattierungen. Dabei ist dem Individualismus Tür und Tor geöffnet: Nach reiflicher Überlegung (und dem Aufbringen allen Mutes) kommen in dem vorliegenden Werk erstmals ausführlich auch mehr oder minder geschmackssicher modifizierte Autos zur Geltung – vom dezent tiefergelegten Fahrwerk bis hin zum Elaborat aus dem automobilen Gruselkabinett. Das ist am Ende natürlich auch alles Geschmacksache …

Heribert Hofner, im November 2018

Die große Freude am „besten Auto der Welt"

Es stellt schon eine gewisse Herausforderung dar, das Buch über das „Beste Auto der Welt" zu schreiben. Es gab zwar streng genommen nur die beiden Varianten Limousine und Coupé, aber die Baureihe 126 ist – nicht bloß wegen Farb- oder Motorisierungsvielfalt – durchaus ein facettenreiches Automobil. Weit über seine Bedeutung als Repräsentations- und Luxusauto hinaus transportiert die erfolgreichste S-Klasse ein Lebensgefühl, eine gute Portion Zeitgeist und nicht zuletzt eine Menge technischer Innovation.

Heute besetzen die Hersteller mit einer schier unglaublichen Modellvielfalt jede erdenkliche Nische, die sich auftut oder die vielleicht gar erst geschaffen wird. Umso reizvoller erscheint es, die ganz besonderen Nischen auszumachen, in die auch der W 126 passte und – heute vielleicht mehr denn je – passt. Als außerordentlich beliebter Youngtimer, die älteren haben bereits den Oldtimerstatus erreicht, ist die S-Klasse nach wie vor ein Renner.

Aus diesem Grund haben wir in diesem Buch den noch recht seriennahen Sonderschutzversionen breiten Raum gegeben, aber auch den schon zu Lebzeiten der Baureihe höchst beliebten modifizierten, veredelten und mehr oder weniger extrem getunten Exemplaren. Die Geschichte der Baureihe W 126 ohne die bunten, die außergewöhnlichen und die extravaganten Spielarten zu beschreiben, wäre, in Anlehnung an Loriots Diktum zum Leben ohne Mops, möglich, aber sinnlos.

Wir hoffen also, dass Sie neben der klassischen Historie der feinen, distinguierten und edlen S-Klasse auch die schrägen Stories all jener genießen mögen, die sich bis heute mit großer Liebe und Hingabe dem Erhalt selbst der ausgefallensten Exemplare widmen. Die Szene ist bunt, und die Puristen und Freunde größtmöglicher Originaltreue leben in der Regel in friedlicher Koexistenz mit den oft ganz jungen Leuten, die ihrem SEC oder dem SEL auf ihre ganz persönliche Art und Weise zu artgerechter Haltung verhelfen. Sie alle lieben das beste Auto der Welt.

Stefan Commertz, im November 2018

Einführung

Schlanker, leichter, glatter
Die S-Klasse als Volumenmodell

Die Bezeichnung S-Klasse wird 1972 mit der Modellfamilie W 116 eingeführt. Die 116er heben sich von den noch gleichsam gotisch wirkenden Vorgängern der Doppelbaureihe 108/109 mit der prägnanten Linienführung von Paul Bracq und dem Pendelachs-Fahrwerk stilistisch und technisch überdeutlich ab – in einer geradezu epochalen Zäsur.

Beim nächsten Modellwechsel im September 1979 ist der Einschnitt weitaus weniger dramatisch: Die Baureihe 126 unterscheidet sich von ihren direkten Vorläufern in ihren Technik-Details zunächst vergleichsweise gering. In ihren Stilelementen sind die 126er weitaus dezenter gestaltet und wirken in ihrem Auftritt dadurch insgesamt spürbar diskreter.

Mit der Baureihe 126 wird die Konzeption der S-Klasse mehr denn je von Weitblick, Vernunft und Sachlichkeit geprägt, was der veränderten Energiesituation geschuldet ist. Erstmals beeinflussen geoökonomische Erfordernisse die konstruktive Auslegung eines Automobils der europäischen Luxusklasse.

Nummernschild-Nostalgie: Puristen verzichten zugunsten der alten DIN-Schrift auf das H-Kennzeichen. Dem 300 SE steht das gut.

420 SEL, Metallic-Lackierung 702- rauchsilber, Baujahr 1986, Leichtmetallräder in der bis heute begehrtesten Form: So stellt sich eigentlich so gut wie jeder die S-Klasse der Baureihe 126 vor.

LIEBHERR
Nagel
S UB 126
BB BJ 111H

Seit 1983 in erster Hand: Die Sonderlackierung 684-taigabeige ist heute in der S-Klasse kaum vorstellbar und steht dem schlichten und eleganten W 126 in der Ausführung 280 SE exzellent.

Flotten-Makeup: Diesel-Versionen gab es für den nordamerikanischen Markt, wo sie den Flottenverbrauch im Rahmen halten sollten.

Die zweite S-Klasse-Generation dieser Nomenklatur stellt sich im Generalkonzept zurückhaltender, geschmeidiger und lebendiger dar. Dabei werden allerdings jegliche denkbaren Einbußen an Attraktivität strikt vermieden: Die großen Autos sind schlanker geraten, ohne in ihrem Erscheinungsbild und in ihrer Anmutung schlicht zu wirken. Sie sind leichter geworden, aber keineswegs weniger solide ausgeführt, zumal die weiter ausgebauten Sicherheitsstandards Vertrauen vermitteln.

Die moderate Abmagerungskur kommt nicht von ungefähr – sie ist der energiepolitischen Weltlage geschuldet. Mit Fug und Recht können die 126er als Kinder des Ölembargos, das 1973 im Kielwasser der durch den Jom-Kippur-Krieg ausgelösten Nahostkrise schmerzhaft die Abhängigkeit von fossilen Treibstoffen zeigt, gesehen werden. Die Entwicklung der 126er begann zeitgleich mit dem ersten Ölpreisschock im Oktober 1973, als die OPEC beschloss, die Erdöl-Fördermengen zu drosseln, um auf die westlichen Industrienationen wegen ihrer Unterstützung Israels Zwang auszuüben. Die Verringerung der Förderung beläuft sich zwar „nur" auf fünf Prozent, wird aber

Zieht euch warm an: 1979 kommt die neue S-Klasse mit vorbildlicher Windschlüpfigkeit und allen damit verbundenen Vorteilen. Übrigens schlagen die Stuttgarter damit auch den Citroen CX, der den magischen c_W-Wert (französisch c_X) immerhin im Namen führt.

S wie Sicherheit: Im W 126 tut sich allerhand zumindest für Fahrer und Beifahrer. Erst kommt der Airbag links, dann der rechte, und dazu gibt es Gurtstraffer, die bei Mercedes Gurtstrammer heißen.

dennoch empfindlich spürbar, weil der Ölpreis um 70 Prozent nach oben schnellt.

Erstmals beeinflusst die Energiesituation die Konzeption eines Automobils der Luxusklasse. Das geschieht aber auch im Einklang mit einem stetig stärker sensibilisierten Umweltbewusstsein. Aus der wachsenden Ökologiebewegung entstehen Die Grünen, die im Januar 1980 in Karlsruhe als politische Partei gegründet werden. Keine Frage – am Horizont zeichnen sich Vorboten für eine veränderte Zukunft des Automobils ab.

Die merklich verbesserte Aerodynamik – der Luftwiderstands-Beiwert beträgt c_W=0,36 statt noch 0,41 bei der Vorgängerbaureihe 116 – führt zwangsläufig zu einer veränderten Formgebung. Die Linienführung hat sich rundum weitgehend von barocken Stilelementen entfernt. Der Aufbau ist glatter, an den meisten Kanten gerundet und dadurch viel windschlüpfiger geworden, ohne sich aber in die nahezu exzessive Kompromisslosigkeit etwa des zwei Jahre später vorgestellten Ford Sierra (c_W=0,34) oder gar des Audi 100 C3 (c_W=0,30) zu begeben.

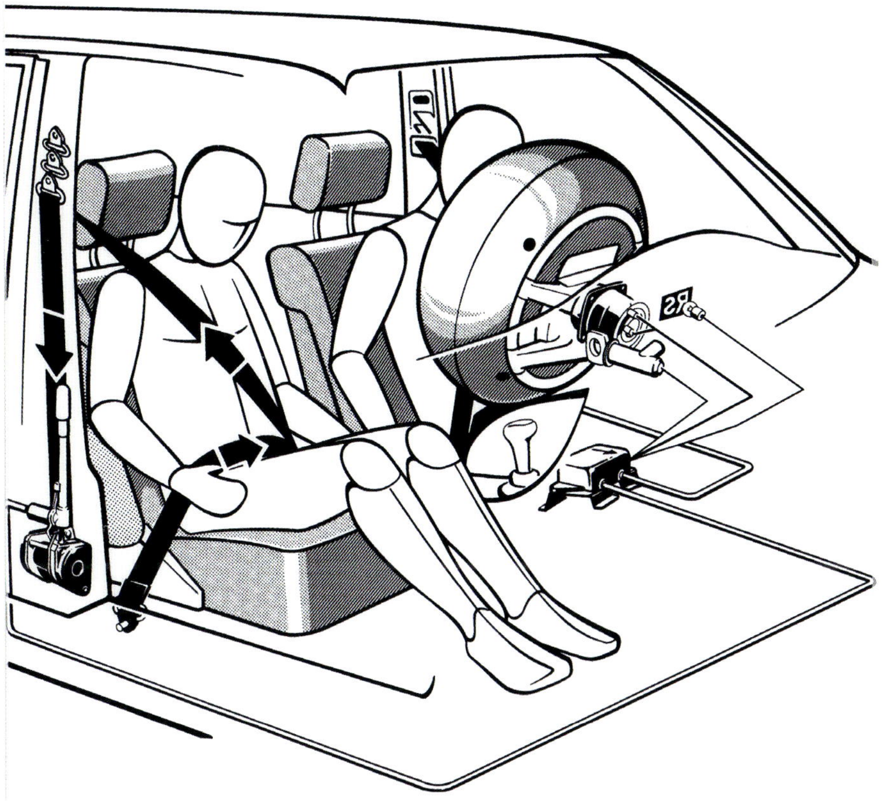

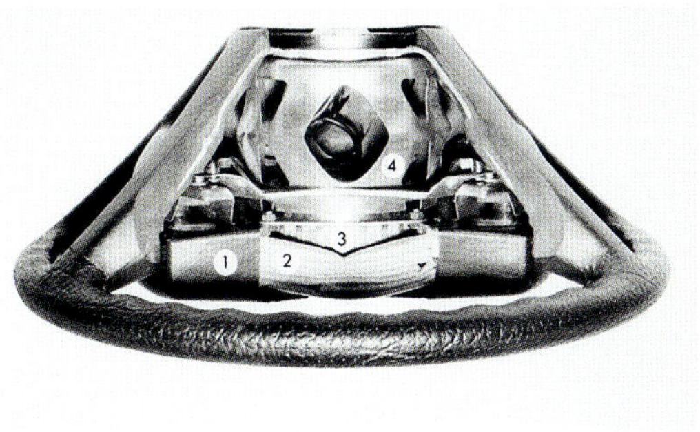

Ein Luftsack, zwei Gurtstrammer: So ging es los mit mehr Sicherheit übers reine Angurten hinaus. Bald gab es den Airbag auch für den Beifahrer, erst alles gegen saftigen Aufpreis.

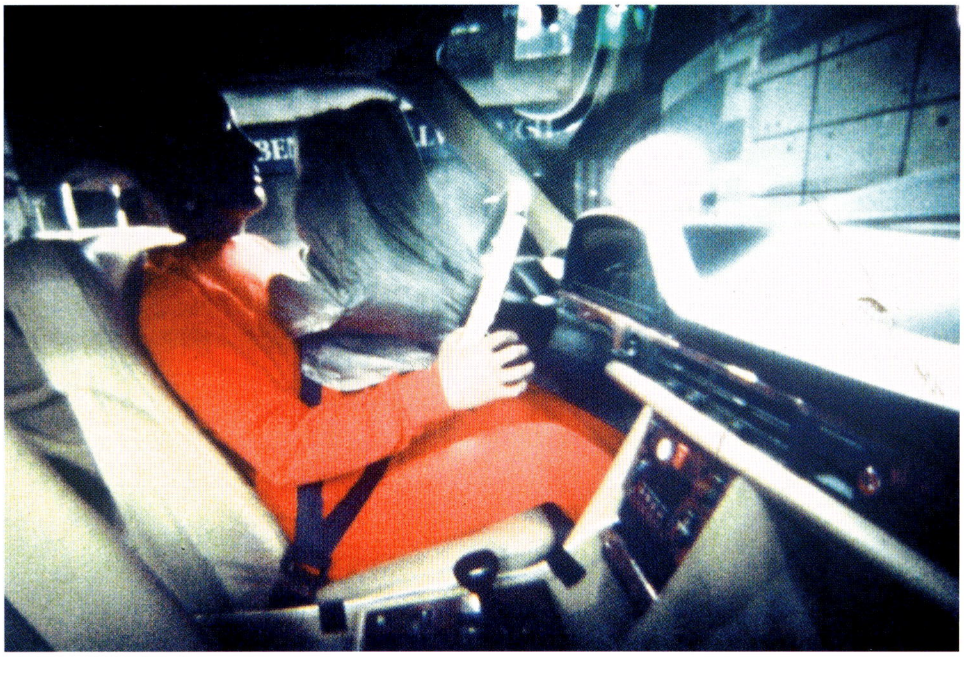

Knalleffekt: Pyrotechnik sorgt für Sicherheit. Die Hochgeschwindigkeitskamera hat den Augenblick erwischt, bevor das Kissen ganz gefüllt ist.

Gleich knallt's: In der Baureihe 126 wird bei Daimler-Benz schließlich der einmillionste Fahrer-Airbag verbaut.

Und immer wieder gegen die Wand: Die 126er sind weltweit die ersten Pkw, die die Sicherheitskriterien des asymmetrischen Frontalaufpralls erfüllen.

Die eindeutige Verbesserung der Aerodynamik ist auch den Kunststoffschürzen ringsum geschuldet, die allerdings nicht auf ungeteilte Zustimmung des Publikums stoßen und zum boshaften Terminus der „Sacco-Bretter" führen.

Wenn ein großer Mercedes jemals „zeitlos" war, dann der 126er – in der architektonischen Genealogie der Sterne angeordnet zwischen den neobarocken 116ern und der im damaligen Blickwinkel der breiten Öffentlichkeit gigantoman ausgeuferten Baureihe 140. Im Kontrast zu dieser massiven Folgegeneration wurden die 126er in der Rückschau zu Sympathieträgern.

Neben Verbrauchs- und Emissionsminderung nehmen die Erfordernisse der passiven Sicherheit breiten Raum ein, in höherem Maße als je zuvor: Mit ihrem neuen Sicherheitskonzept erfüllen die 126er als erste Serienfahrzeuge weltweit das Kriterium des asymmetrischen Frontalaufpralls (offset crash). Der Fahrer-Airbag wird zusammen mit dem Gurtstraffer 1981 eingeführt, der Beifahrer-Airbag folgt 1987.

Das Anti-Blockier-System ABS wird im Herbst 1984 zunächst bei den V8-Modellen eingeführt, 1986 für den Rest der Palette. Die Antriebsschlupfregelung ASR ist ab Herbst 1985 bei den Achtzylindern als Sonderausstattung erhältlich. Bei den Extras sind durchaus kontroverse Erscheinungen zu beobachten: Elektrische Fensterheber bleiben als Grundausstattung bis Herbst 1988 den beiden SEL- und SEC-Spitzenmodellen vorbehalten, während sie beim großen Rest der Palette als aufpreispflichtige Sonderausstattung bestellt werden müssen. Nur kurze Zeit später sind nicht wenige preisgünstige Kleinwagen damit serienmäßig ausgerüstet …

Die S-Klasse Nummer zwei hat die Anlagen zu einem ausgesprochenen Erfolgstyp: In 11¾ Jahren entstehen 818.063 Limousinen der 16-köpfigen Baumusterfamilie W 126, was einer durchschnittlichen Jahresproduktion von 69.622 Einheiten entspricht. Dazu kommen 74.060 Coupés des Baumusterstammes C 126 – der insgesamt vier Modelle umfassenden SEC-Reihe. Die Vorläufer der Baureihe 116 hatten es im Vergleich in acht Jahren auf 473.035 Exemplare gebracht – im Jahresschnitt 59.109 Stück. Im Export ist Nordamerika mit Abstand das wichtigste Zielgebiet für die 126er: Dort werden mehr als 283.000 Fahrzeuge dieser Baumusterfamilie abgesetzt.

Bandablauf: Mercedes-Chef Werner Niefer (rechts) übergibt den extragroßen Symbol-Schlüssel für die letzte gebaute 126-S-Klasse an Max-Gerrit von Pein, der den Wagen für die Museums-Sammlung übernimmt.

M2BHT02
Jmsp. 69 B
Hochspannung
Vorsicht!
Lebensgefahr
WN DW 243 07 10

30 Extras: Von A wie Außentemperaturanzeige bis Z wie Zweiklang-Fanfare ist allerhand drin im 500 SEL von 1988. Auch das elektrisch betrieben Rollo – erkennbar am Steg in der Heckscheibe – ist dabei.

Ahnengalerie

S-DU 5254

Stets in Rufweite der Mode – die Vorläufer der Baureihe 126

Die Nachkriegs-Ahnenreihe der S-Klasse und ihrer Vorgänger auf dem Weg zu unseren Titelhelden der Baureihe 126 umfasst fünf in ihrer Technik und in ihrem Äußeren recht unterschiedliche Modellfamilien. Alle fünf haben freilich wesentliche Grundzüge gemeinsam, die sie in ihrer jeweiligen Epoche auf meist tonangebende Weise in Spitzenposition platzieren und dadurch den Prestigefaktor dieser Wagen begründen: Zu diesen Attributen zählen traditionell die Gediegenheit bei den Kriterien Formgebung, Verarbeitungsqualität und Materialauswahl, die hohen Sicherheitsstandards sowohl in aktiver als auch in passiver Hinsicht, die sprichwörtliche Verlässlichkeit in allen Lebenslagen und nicht zuletzt jene überaus komfortbetonte Prägung.

1952 im Hafen von Nizza: Der 220 des Baumusters W 187 gilt als Stammvater der S-Klasse und kombiniert Vorkriegs-Karosseriebau mit moderner Nachkriegs-Triebwerkstechnik.

Für den Wirtschaftswunder-Kapitän: Der Zwozwanziger (hier ein W 180 von 1955) war der Ponton in fein.

Die Angehörigen der als „Luxusklasse" apostrophierten allerobersten solitären Fahrzeugkategorie mit ihren in kleinsten Stückzahlen gefertigten Limousinen bleiben hier außen vor: Sowohl die vier zwar salopp, aber historisch fundiert als „Adenauer" bezeichneten Dreihunderter mit den Typen 300, 300b und 300c (jeweils Grundbaumuster W 186) sowie 300d (W 189) als auch der Sechshunderter alias Großer Mercedes (W 100) gehören einer anderen Sphäre an.

220 (W 187)

Im Juli 1951 geht mit dem 220 der Baureihe W 187 ein Automobil in Produktion, das im Vergleich mit der internationalen Konkurrenz auf den ersten Blick ziemlich altbacken und konservativ wirkt. Das Blech des viertürigen 220 verrät keine großen stilistischen Sprünge, denn die Aufbaustruktur fußt auf der Karosserie des 1949 vorgestellten und vom Vorkriegsmodell 170 V abgeleiteten Vierzylindertyps 170 S, der wiederum formgestalterisch eng mit dem aus dem Jahr 1938 stammenden Typ 230 (W 153) verwandt ist. Dementsprechend lassen Raumangebot und Rundumsicht – nicht zuletzt im Vergleich zu US-amerikanischen Wagen – doch zu wünschen übrig.

Mehr ist zunächst nicht möglich, denn Deutschland liegt nach dem Zweiten Weltkrieg trotz Marshall-Plans und ERP-Hilfe wirtschaftlich am Boden, und so ist der 220 als Interimsmodell zu den bereits in Entwicklung befindlichen Pontontypen zu verstehen. Das sofort ins Auge fallende Unterscheidungsmerkmal sind die in die vorderen Kotflügel integrierten Hauptscheinwerfer, die einer transatlantischen Modeströmung folgen und die Autos, die nur wenig länger als die 170er mit ihren freistehenden Lampen sind, optisch strecken und dynamischer wirken lassen.

Weniger hausbacken geht es unter dem Blech des 220 zu: Während die hintere Zweigelenk-Schwingachse und die Vorderradaufhängung an Querlenkern durchaus mit dem vielzitierten „Stand der Technik" vereinbar sind, ist der kurzhubig ausgelegte Reihen-Sechszylinder des Baumusters M180 mit seiner obenliegenden Nockenwelle und dem der Motorgesundheit förderlichen Öl-Wasser-Wärmetauscher ein hochmodernes Triebwerk.

Und ein erfolgreiches dazu, denn der M180 tut noch bis Ende 1976 im 230.6 der Strich-Acht-Reihe (W 114) Dienst und bildet die konstruktive Basis für einige Folgegenerationen über den M130 bis hin zum edlen dohc-Sechser M110. Die 80 PS (bei den späten zweisitzigen Cabriolets 85 PS) des M180 reihen den 220 kurzzeitig in die Riege der schnellsten Serienautos Europas ein. Das Produktionsergebnis von 16.154 Exemplaren, zu denen noch 2360 Zweitürer – Cabriolets der Ausführungen A und B sowie das ultrarare Coupé – hinzuzuzählen sind, mag heute bescheiden erscheinen, aber Daimler-Benz ist damit wieder im internationalen Oberklasse-Geschäft.

Erfolgsmodell: Im März 1956 kommt der 220 S mit respektablen 100 PS.

Die Ponton-220er

Im März 1954 wird auf dem Genfer Salon der Nachfolger namens 220a vorgestellt. Der ohc-Sechszylinder ist nun zeitgemäß nach der Ponton-Mode eingekleidet. Diese Bauform erlaubt eine erweiterte Sitzbreite, der 220a ist damit ein echter Fünfsitzer. Das Innenraum-Volumen hat gegenüber dem Vorgänger um 35 Prozent zugenommen.

Das Ponton-Design, das von den Italienern liebevoll als bauletto (Köfferchen) bezeichnet wird, hatte bereits ein Jahr zuvor der Vierzylinder-Typ 180 vorweggenommen. Es wirkt aber beim 205 Millimeter längeren und im Radstand gar um 335 Millimeter gestreckten 220a wesentlich ausgeglichener und dadurch eleganter.

Das Sechszylinder-Triebwerk leistet nun mit einem Leichtmetall- statt dem bisherigen Grauguss-Zylinderkopf und leicht erhöhter Verdichtung 85 PS. Von weitaus zentralerer Bedeutung ist aber der nunmehr selbsttragende Aufbau: Die Karosserie ist mit der Rahmen-Boden-Anlage fest verschweißt. Gegenüber dem Vorgänger ermöglicht diese Unibody-Bauweise eine Gewichtseinsparung von 50 Kilogramm.

Bessere Aerodynamik und geringeres Gewicht führen zu höheren Fahrleistungen: Der 220a kratzt nun an der 160-km/h-Marke. Ein weiteres wesentliches Konstruktionsmerkmal ist die hintere Eingelenk-Pendelachse, die zwar noch nicht den letzte Schrei der Fahrwerkstechnik verkörpert, aber die Sturz- und Spuränderungen spürbar reduziert und so das Fahrverhalten besser berechenbar macht.

Auch ein gänzlich neuer Vorderwagen ist in dem vielgestaltigen Aktualisierungskabinett enthalten: Triebwerk, Getriebe, die nur leicht überarbeite Vorderradaufhängung und die Lenkung sind in einer als „Fahrschemel" bezeichneten Baueinheit zusammengefasst, die geräuscharm am Rahmenvorderteil gelagert ist und bei Reparaturen einzelner Bauteile und Aggregate relativ schnell demontiert und unter dem Wagenbug weggerollt werden kann.

Mit einem Produktionsergebnis von 23.937 Einheiten in nur zwei Jahren hat der 220a seinen Vorläufer deutlich abgehängt. Im März 1956 wird er durch den milde weiterentwickelten 220 S ersetzt, der sich äußerlich nur durch die Chrom-Zierleiste in der Presssicke in den vorderen Kotflügeln und Türen unterscheidet.

Neues gibt es unter der Motorhaube zu entdecken: Der bisherige Doppelvergaser ist einem aufwändigen Gaswerk gewichen: Zwei Solex-Fallstrom-Registervergaser sorgen für bessere Füllung, aber durch die abgestufte Registeranordnung auch für einen spürbar verminderten Verbrauch. Zunächst stehen 100 PS zur Verfügung – gut für 160 km/h –, ab August 1957 sind es bei leicht angehobener Verdichtung 106 PS.

Das Triebwerk ist nun in vier statt drei Silentblöcken weitgehend schwingungsfrei im Fahrschemel gelagert. Auf Wunsch gibt es den 220 S mit einer Halbautomatik: Die „Hydrak" genannte und von Fichtel & Sachs in Schweinfurt zugelieferte automatische Kupplung, die beim Berühren des Schalthebels aktiviert wird, ist als Sonderausstattung preisgünstiger als das edelste Becker-Autoradio.

Der 220 S wird mit 55.279 Exemplaren zu einem ausgesprochenen Erfolgsmodell. Die Krönung der Ponton-Sechszylinder verkörpert aber der ab Oktober

1958 nur elf Monate lang in einer Serie von 1974 Wagen gebaute 220 SE. Das „E" in der Typenbezeichnung steht für „Einspritzung". Mit der Benzineinspritzung hat man bei Daimler-Benz einschlägige Erfahrungen, allerdings nur in kleinen Serien: 300 SL und 300 Sc arbeiten mit Direkteinspritzung, der 1957 lancierte 300d aus der „Adenauer"-Sippschaft verfügt über die zivilisiertere Saugrohreinspritzung.

Daran orientiert ist auch die Gemischaufbereitung des 220 SE, die mit einer mechanisch angetriebenen Zweistempelpumpe arbeitet. Die Leistungsdaten haben sich auf 115 PS respektive 165 km/h emporgeschwungen. Ein Minderverbrauch ist kaum zu erwarten. In elf Monaten entstehen vom ersten 220 SE 1974 Stück.

Die Heckflossen-Sechszylinder

Die ausgehenden Fünfziger werden, was das Autostyling betrifft, von der ursprünglich von Sergio Pininfarina kreierten, streng geometrisch aufgebauten und kantigen Trapezlinie beherrscht. Bei Daimler-Benz muss man sich dieser Strömung trotz der traditionellen Devise des Hauses „modern – aber nicht modisch" im Sinne einer kräftig zunehmenden Exportorientierung nolens volens anschließen. Vor allem der an mehr oder minder bizarre Heckflossen gewöhnte US-amerikanische Käufergeschmack fließt – zumindest in abgemilderter Form – in stilistische Überlegungen ein. Die „Flossengeneration" entsteht.

Im September 1959 erfolgt der erste öffentliche Auftritt der neuen Oberklasse-Generation auf der IAA in Frankfurt. Die drei Ausführungen der Baureihe W 111 erweitern die bei den Ponton-Limousinen eingeführte Abstufung: Der 220b fungiert als etwas schlichter auftretende und schwächer motorisierte Einstiegsversion. Der 220 Sb ist in üblicher Weise mit Vergaser- und der 220 SEb mit Einspritzmotor ausgerüstet.

Das völlig neue, ungewohnte Styling erregt Aufsehen. Die gemäßigte Trapezlinie zeigt auf dezente Weise Stilelemente nordamerikanischer Herkunft. Die Wagen wirken auf Anhieb ansprechend und bei einem Hauch von Konservatismus höchst elegant. Die Heckflossen werden von den Untertürkheimer Marketingstrategen als „Peilstege" und damit quasi als optische Einparkhilfe bezeichnet. Obwohl die Gesamtlänge gegenüber dem Vorgänger nur um 125 mm zugenommen hat, wirken die Wagen erheblich gestreckter.

Das Bemühen um deutlich verbesserte passive Sicherheit steht nicht hinter der Formgestaltung zurück: Das Fundamentalprinzip der formstabilen Fahrgastzelle mit energieabsorbierenden „Knautschzonen" an Bug und Heck war schon im Januar 1951 von Béla Barényi und Daimler-Benz zum Bundespatent angemeldet worden. Die Flossen-220er zählen zu den ersten Automobilen überhaupt, die systematisch vielfältigen Crash-Tests unterworfen werden.

Bei Chassis, Fahr- und Triebwerk gibt es kaum Umwälzungen. Man verwendet im Prinzip die – allerdings verkürzte – Rahmen-Boden-Anlage der Ponton-Sechszylinder weiter. Ab August 1961 gibt es gegen Aufpreis eine deutlich direkter übersetzte Servolenkung. Ab April 1962 werden 220 S und SE an den Vorderrädern mit britischen Girling-Scheibenbremsen ausgerüstet, der 220b folgt im August 1963. Die 220-Bremssysteme werden auf Zweikreishydraulik umgestellt. Ab August 1962 ist für einen Aufpreis von 1400 Mark eine im eigenen Hause entwickelte Viergang-Vollautomatik mit hydraulischer Kupplung erhältlich.

Die ebenso leistungsfähigen wie standfesten Flossen-220er zählen zu ihrer Zeit zu den Schnellen auf der Straße. Kein Wunder, dass ihnen ganz offiziell eine sportliche Karriere in die Wiege gelegt wird. Die Erfolgsliste vor allem des 220 SEb ist lang und beginnt im Januar 1960 mit einem Dreifachsieg bei der Rallye Monte Carlo. Es geht so weiter, auf Schotter wie auf der Rundstrecke. Den 117 Siegen des Jahres 1960 folgen 133 in der Saison 1961.

Meistverkaufter 220 ist der 220 Sb mit 161.119 Einheiten, die Basisversion 220b bringt es auf 69.691 Exemplare und vom 220 SEb entstehen 66.086 Stück.

Die Stuttgarter Heckflossen-Baukastenspiele erreichen im August 1961 ihren Höhepunkt, als der auf Basis der Heckflossen-220er entwickelte 300 SE (W 112) vorgestellt wird. Es erscheint paradox, dass neben dem noch angebotenen distinguierten 300d ein weiterer Dreihunderter auftritt, der dazu noch sein Karosserieblech mit den weniger exklusiven Modellen der Baureihe W 111 und – noch weitaus extremer – sogar mit dem gleichzeitig vorgestellten, erheblich banaleren Vierzylinder 190c (W 110) teilt.

Der 300 SE als Spitzenreiter des Flossen-Baukastens ist mehr als doppelt so teuer wie der 220b an der Basis der Sechszylinder-Modellreihe. Der Hochleistungs-Reisewagen, der optimalen Fahrkomfort bietet, hebt sich von seinen geringeren Brüdern von außen durch seinen üppigen Schmuckbehang bis hin zum Radlaufchrom ab.

Die eigentlichen technischen Goodies sind aber unter dem Blech zu finden: Mit Leichtmetallmotor, Automatikgetriebe, Luftfederung, Servolenkung, Sperrdifferenzial und Vierrad-Scheibenbremsen werden alle Register des Untertürkheimer Know-how gezogen. 160 PS, ab Januar 1964 dann 170 Pferdestärken erlauben eine Spitze von 200 km/h. Mit dem 300 SE hat erstmals ein Auto aus Deutschland Scheibenbremsen an allen vier Rädern.

Zur Rallye-Saison 1963 wird das Mercedes-Werksteam mit der Dreiliter-Limousine ausgerüstet, gewinnt die Europameisterschaft, siegt beim Gran Premio Argentina und wiederholt diesen Erfolg im Jahr darauf. 1964 wendet man sich verstärkt Rundstreckenrennen zu und erringt mit dem 300 SE den Tourenwagen-Europapokal. Die Erfolgsserie wird im Frühjahr 1965 abrupt abgebremst, als Daimler-Benz aus dem Tourenwagensport aussteigt.

Im März 1963 präsentiert Daimler-Benz auf dem Genfer Salon eine um 100 Millimeter gestreckte Langversion des 300 SE, die mit einer Stückzahl von 1546 und einem hohen Exportanteil im Herkunftsland eine Rarität bleibt. Im Juli 1965 endet die W-112-Produktion nach 5202 gebauten Wagen.

Als beim Erscheinen der Oberklasse-Folgegeneration W 108/109 im Sommer 1965 die Heckflossenepoche des Mercedes-Baukastens stufenweise beendet wird, bleibt nur der 230 S übrig, der eine sachte überarbeitete und nüchterner ausgestattete, aber 120 PS starke Neuauflage des 220 Sb darstellt und für zweieinhalb Jahre im Programm bleibt.

Das war die alte Bundesrepublik: So mancher träumte wohl davon, im 300 SE die bereits halbvolle Doppelgarage neben dem Eigenheim anzusteuern.

Sein Produktionsergebnis beläuft sich auf 41.107 Einheiten – nicht schlecht für ein Auslaufmodell. In dieser Zahl sind 341 Fahrgestelle für Sonderaufbauten enthalten, zu denen auch ein paar hundert Kombis zählen, die von 1966 an im belgischen Karosseriewerk I.M.A. in Malines gebaut und mit der Bezeichnung „Universal" über das Mercedes-Benz-Händlernetz vertrieben werden.

In knapp achteinhalb Jahren werden 344.751 „große Flossen" der Baureihen W 111 und W 112 gebaut.

Die vielköpfige Oberklassefamilie W 108/109

Im August 1965 kommt es zum Generationenwechsel, als mit der Doppelbaureihe W 108/109 eine der weitestverzweigten Modellfamilien der Mercedes-Benz-Oberklasse antritt, zunächst mit den Typen 250 S, 250 SE und 300 SE. Das aus den frühen fünfziger Jahren stammende Prinzip der Einheitskarosserie wird aufgegeben, Mittelklasse und Oberklasse sind künftig eigenständig eingekleidet.

Allen drei Modellen gemeinsam ist eine von Paul Bracq gezeichnete Karosserie, deren ausgewogene Linienführung sich in verhaltener Eleganz darbietet. Durch das schlanke Styling in gemäßigter Trapezform wirken die Autos optisch gestreckt, obwohl die Abmessungen bei unverändertem Radstand nur minimal gewachsen sind und diese Zunahme gegenüber den Vorgängern im Grunde den Gummiauflagen der Stoßstangen geschuldet ist. Die fast nüchterne, aber gefällige Linienführung der Baureihe W 108/109 hat sich wieder von der Tagesmode entfernt.

Die Technik der neuen Upperclass-Wagen entspricht der ihrer Vorgänger. Ihre 2,5-Liter-Triebwerke wurden aus den 2,2-Liter-Sechszylindern entwickelt. Die Kurbelwelle ist nun sieben- statt fünffach gelagert. Beim M108 des 250 S beläuft sich die Nennleistung auf 130 PS, gut für 185 km/h. Die Einspritzversion M129 des 250 SE gibt 150 PS ab, die eine Spitze von mehr als 190 km/h ermöglichen. Beim Fahrwerk ist die Umstellung von 13- auf 14-Zoll-Räder festzuhalten.

Auch der 170 PS starke Dreiliter-Leichtmetallmotor M189 wird im 300 SEb alias W 108 IV in die neue

Der in Belgien karossierte 230 S Universal bleibt bis heute der einzige offiziell in der Daimler-Benz-Organisation erhältliche serienmäßige Oberklasse-Kombi.

Oben: Stuttgart, 12.30 Uhr, der Hut sitzt: Wer würde nicht lieber mit 300er abgeholt werden als vom Shuttle-Bus?

Unten: Perfekt komponiert: Der Leichtmetall-V8 macht den SEL zum kraftvollen und souveränen Reisewagen.

Oberklasse-Generation übernommen, obwohl er dem 2,5-Liter-Einspritzer kaum überlegen ist und nur minimal höhere Fahrleistungen erlaubt. Da die charakteristische Luftfederung trotz des hohen Preises nicht angeboten wird, erscheint die geringe Stückzahl von 2737 Exemplaren bis zum Produktionsende im Dezember 1967 verständlich.

Auch der letzte 300 SE lang erhält in der neuen Oberklasse-Familie mit sieben Monaten Verzögerung mit dem 300 SEL (W 109 III) seinen Nachfolger. Wiederum sind Radstand und Wagenlänge jeweils um zehn Zentimeter gewachsen. Bei dieser Langversion ist wieder die Luftfederung zu finden, was mit dem L in der Typenbezeichnung und der abweichenden Baureihenbezeichnung W 109 dokumentiert wird. Bis zum Modellwechsel im Dezember 1967 werden 2369 Wagen ausgeliefert.

Noch während der Bauzeit der großen 250er werden die Sechszylindertriebwerke mit tiefergehenden Eingriffen hinsichtlich Standfestigkeit und Lebensdauer strukturell umgearbeitet. Der Hubraum hat auf 2778 cm^3 zugenommen. Der neue M180, der im Januar 1968 seine Premiere im 280 S und SE feiert, ist wie gewohnt in Vergaser- und

Einspritzversion erhältlich und gibt im Vergleich zu den 250ern jeweils zehn Mehr-PS ab.

Gleichzeitig mit dem 280 SE wird dessen im Modulsystem entstandene, da vom 300 SEL übernommene, um 100 mm gestreckte Langversion 280 SEL vorgestellt. Dabei steht das „L" im Gegensatz zum 300 SEL für „Langversion", da der 280 SEL die normale Stahlfederung der Basistypen hat. Mangels ausreichender Nachfrage wird der Bau des 280 SEL im April 1971 nach 8250 Exemplaren eingestellt, da sich das Käuferinteresse speziell im Nordamerika-Export den inzwischen erhältlichen V8-Langversionen zugewandt hat.

Die Limousinen mit Normalradstand werden im September 1972 von den gleichnamigen Modellen der grundlegend neuen Baureihe W 116 abgelöst. Der 280 S bringt es auf 93.666 verkaufte Einheiten, der 280 SE auf eine Stückzahl von 91.051.

Beim 300 SEL wird Ende 1967 der immens teure Dreiliter-Leichtmetallmotor M189 zu Grabe getragen und im Februar 1968 durch den auf 170 PS leistungsgesteigerten 2,8-Liter-Einspritzmotor M130 E28 ersetzt. Trotz des kleineren Hubraums behält man aus gutem Grund die prestigeträchtige Zahl 300 in der Typenbezeichnung bei. Am zweiten großen Charakteristikum, der Luftfederung, wird dagegen festgehalten. Bis Januar 1970, als das Feld der weitaus besser zu dem großen Auto passenden 3,5-Liter-V8-Maschine überlassen wird, entstehen 2519 Exemplare.

Im September 1969 wird auf der IAA in Frankfurt die adäquate Motorisierung für den luftgefederten Dreihunderter vorgestellt, der 300 SEL 3.5 heißt. Acht Zylinder versprechen Prestige und Leistung. Der ohc-V8 des Baumusters M116 ist nur wenig schwerer als der Sechszylinder. Für die Gemischaufbereitung ist die elektronisch gesteuerte Benzineinspritzung der Bauart D-Jetronic zuständig. Beim 300 SEL 3.5 wendet Daimler-Benz erstmals die Transistorzündung an. Der M116 gibt 200 PS ab und erweist sich als kerniger Leistungsträger. 200 km/h werden in Tests deutlich übertroffen und die Standard-Beschleunigung vollzieht sich genauso klar unterhalb von 10 Sekunden. In drei Produktionsjahren werden vom luftgefederten Drei-Fünfer 9583 Exemplare gebaut.

Angesichts der 1970 in den USA behördlich diktierten, in hohem Maße leistungsmindernden Eingriffe wird schnell klar, dass der neu entwickelte 3,5-Liter-V8 für die Belange des US-Markts auf Dauer ungeeignet sein wird. Das Rezept ist aber einfach: Der 3,5-Liter-Block erhält eine neue Kurbelwelle mit längerem Hub, was den Hubraum auf 4520 cm^3 vergrößert. Der Baumustercode für dieses dürftige 195 DIN-PS leistende Drossel-Aggregat lautet M117.

Viel bemerkenswerter ist das generell mit dem 4.5 gekoppelte brandneue Automatikgetriebe der Type W 3 A. Endlich hat man die hydraulische Kupplung durch einen Drehmomentwandler ersetzt, der größeren Schaltkomfort bietet und den Ansprüchen der in dieser Hinsicht verwöhnten US-Kundschaft entgegenkommt. In Europa ist der ab Mai 1971 ausgeführte 300 SEL 4.5 (W 109 E45) nicht erhältlich. Im Oktober 1972 wird die Produktion des 300 SEL 4.5 nach 2553 Wagen eingestellt.

Da der luftgefederte 300 SEL 3.5 doch sehr exklusiv platziert und preislich abgehoben ist, bietet sich eine V8-Variante des stahlgefederten 280 SE und seiner um zehn Zentimeter gestreckten Langversion an. Die offizielle Vorstellung des 280 SE/SEL 3.5 (W 108 E35/1) erfolgt im Januar 1971 beim Amsterdamer Automobilsalon.

Wie beim 300 SEL 3.5 sind die vorderen Bremsscheiben innenbelüftet. Trotz härterer Abstimmung hat das Fahrwerk mit der hinteren Eingelenk-Pendelachse ungeachtet der hydropneumatischen Ausgleichsfeder mit dem 200-PS-Triebwerk seine Grenzen erreicht. Beim Produktionsende im September 1972 sind 11.309 (SE) respektive 951 (SEL) Einheiten entstanden – für eine Verweildauer von nur anderthalb Jahren im Lieferprogramm kein schlechtes Ergebnis.

Noch erfolgreicher ist die ausschließlich in Nordamerika verkaufte 4,5-Liter-Version des 280 SE/SEL (W 108 E45). Ihre Fertigung endet erst im November 1972. Vom 280 SE 4.5 wird die ansehnliche Zahl von 13.527 Limousinen abgesetzt.

Ein muskulöses Ausnahme-Automobil, sozusagen das Alphatier der W 108/109-Familie ist der im März 1968 in Genf vorgestellte legendär gewordene Sechs-Dreier. Der 300 SEL 6.3 ist nach dem in

Die Linie Bracq: Der 250 SE von 1965 ist ein Musterbeispiel für klares Design, obwohl die eigentlich sehr altmodische Frontoptik mit klar getrennten Leuchten- und Grill-Einheiten erhalten bleibt.

den USA bereits einige Jahre zuvor praktizierten Rezept der muscle cars entstanden, das da lautet: „Man verpflanze einen bulligen V8 in eine allenfalls mittelgroße (intermediate) Karosserie."

Der mit 250 PS unveränderte 6,3-Liter-V8 des Baumusters M100 aus dem Typ 600 wird nach nicht wenigen Modifikationen an Trag- und Fahrwerk in den luftgefederten 300 SEL transplantiert. Die Leistungsdaten des unspektakulär auftretenden Oberklasse-Flaggschiffs, dessen Laufbahn im September 1972 endet, distanzieren gestandene Sportwagen wie Porsche 911 S und Maserati Mistral: Das Werk gibt eine Spitze von 225 km/h und den standardisierten Sprint in 6,5 Sekunden an. In Anbetracht seines exorbitanten Preises – der 6.3 kostet mehr als das Doppelte des auf den ersten Blick doch recht ähnlichen 280 SE – ist das Produktionsergebnis von 6526 Wagen als durchaus beachtlich zu werten.

Die Oberklasse wird zur S-Klasse: Die Baureihe 116

Niemals zuvor war in der Mercedes-Oberklasse die Zäsur eines Modellwechsels derart ausgeprägt wie im September 1972, als die Baureihe 116 – erstmals unter der Bezeichnung „S-Klasse" – präsentiert wurde. Fast alles ist nun anders, ganz anders: Styling, Triebwerke, Fahrwerk und die Komponenten der aktiven und passiven Sicherheit. Die stattlichen Hundertsechzehner lassen ihre in schlichter Linienführung elegant gezeichneten, doch in jeder Hinsicht reichlich konservativ beschaffenen Vorgänger buchstäblich alt aussehen – die Klassik weicht der Moderne.

Die Neuen sind ausgesprochen attraktive Erscheinungen. Die bisherige für die Oberklasse nahezu frugale Eleganz der Hundertachter wurde zugunsten einer sinnenfreudigeren, aber keineswegs zu üppigen Ornamentik aufgegeben. Die Jahrzehnte währende Ära des gotischen Kühlers ist endgültig beendet – die Horizontale dominiert. Der um 115 mm längere Radstand führt mit dem niedrigeren Wagendach zu ausgewogeneren Proportionen. Eine wirkungsvolle Sichtverbesserung bieten die nun parallellaufenden Scheibenwischer und das aerodynamisch optimierte Schmutzwasser-Ableitsystem.

Der wahre Umbruch ist indes unter dem Blech zu finden: Das Fahrwerk wurde komplett neu konzipiert. Die freilich ständig weiterentwickelte Eingelenk-Pendelachse entspricht längst nicht mehr dem Stand der Technik, den seit 1968 im eigenen Haus zeitgemäße Konstruktionen mit hinterer Einzelradaufhängung verkörpern. Nun hält diese Schräglenker-Konstruktion auch in der Oberklasse Einzug.

Eine absolute Neukonstruktion ist die völlig wartungsfreie Vorderradaufhängung mit Doppelquerlenkern, Lenkrollradius Null und Bremsnickabstützung, die die großen Autos deutlich wendiger werden lässt. Ab Herbst 1978 ist das zusammen mit Bosch entwickelte Anti-Blockier-System ABS als Sonderausstattung erhältlich.

Obwohl die Typenbezeichnungen der 116er-Sechszylinder vertraut klingen, sind neue Motoren am Werk: Die formschönen Triebwerke der Baumusterfamilie M110 mit ihren zwei obenliegenden Nockenwellen treiben seit Mai 1972 die Top-Modelle 280 und 280 E der mittelgroßen „Strich-Acht"-Baureihe W 114 an. Im 280 S mit zwei Registervergasern stehen 160 PS zur Verfügung – die gleiche Leistung, die früher der 280 SE mit mechanischer Benzineinspritzung hatte.

Im neuen 280 SE sorgt die elektronische Bosch D-Jetronic für 185 PS. Ab August 1976 wird der Einspritzmotor mit der problemloseren mechanischen Bosch K-Jetronic ausgerüstet. Die Sechszylinder-Motoren sind serienmäßig mit einem Viergang-Schaltgetriebe mit Mittelschaltung gekoppelt. Das vierstufige Automatikgetriebe mit Drehmomentwandler ist ebenso Bestandteil der Sonderausstattungsliste wie das vorübergehend lieferbare mechanische Fünfgang-Getriebe. Von der Einspritzversion ist ab April 1974 unter der Typenbezeichnung 280 SEL eine im Radstand um 100 mm verlängerte Variante erhältlich.

Gleichzeitig mit den beiden Sechszylindern wird der 350 SE vorgestellt, der als Nachfolger des 280 SE 3.5 von dem im Herbst 1969 eingeführten Achtzylinder M116 angetrieben wird. Der kurzhubig ausgelegte V8 wird nach wie vor von der elektronischen, relativ unflexibel reagierenden Bosch D-Jetronic versorgt und gibt unverändert 200 PS ab. Im Januar 1976 erfährt dieses Triebwerk eine Überarbeitung, die vor allem die Umstellung auf die antriebslose mechanisch gesteuerte Bosch K-Jetronic umfasst. Die Motorleistung sinkt zunächst auf 195 PS ab, schwingt sich aber im April 1978 durch Abstimmungsarbeiten besonders an den Abgaswegen auf 205 PS empor. Die Höchstgeschwindigkeit reicht jetzt an 210 km/h heran, die Standard-Beschleunigung hat sich der Neun-Sekunden-Marke genähert. Zur Grundausrüstung des 350 SE zählt ein Viergang-Schaltgetriebe, eine dreistufige Wandler-Automatik ist als Sonderausstattung lieferbar. Im November 1973 – ein halbes Jahr vor dem 280 SEL – wird die Fertigung des 350 SEL mit dem um 100 mm verlängerten Radstand aufgenommen.

Vier Monate nach dem 350 SE geht im Dezember 1972 das (einstweilige) Topmodell 450 SE in Produktion – das offizielle Debüt wird beim Genfer Salon im März 1973 stattfinden. Das 4,5-Liter-Triebwerk des Baumusters M117 entspricht dem Nordamerika-Modell der Vorgänger-Baureihe. Jenseits des Atlantiks sind die 450er bereits seit Ende 1972 erhältlich, allerdings – durch die Abgasgesetzgebung gedrosselt – mit nicht einmal 200 PS unter der Haube. In der Alten Welt dagegen dürfen es immerhin 225 PS sein, die der unterforderte V8 locker aus dem Block schüttelt.

Im November 1975 jedoch und damit zwei Monate vor dem 350 SE erfährt der 450er seine Öko-Kur: Mit mechanisch geregelter Bosch K-Jetronic geht die Motorleistung auf 217 PS zurück, um dann ab April 1978 durch eine veränderte Abgasführung wieder den alten Wert zu erreichen. Ein Schaltgetriebe wird für den 450 SE angesichts des zu übertragenden Höchstdrehmoments von fast 400 Nm nicht angeboten – zugeordnet ist eine Dreistufen-Automatik, deren Wandler nicht mit dem des 350 SE identisch ist.

Auch das Fahrwerk der 450er weicht von dem der übrigen V8-Modelle ab: Um das hohe Drehmoment optimal einsetzen zu können, wurde die Schräglenker-Hinterachse weiterentwickelt und zur „Koppelachse“ ergänzt.

Dem 450 SE wird im Hinblick auf die Erfordernisse des US-Markts, wo das Modell die Hauptrolle spielt und den Titel „Beste Limousine der Welt“ verliehen bekommt, bereits im Februar 1973 als erstem der 116er eine um 100 mm gestreckte Langversion zur Seite gestellt, von der fast doppelt so viele wie von der Normalversion abgesetzt werden.

Beinahe wäre der geplante Thronfolger der im Juli 1972 aus der Fertigung genommenen Muskel-Legende 300 SEL 6.3 der Weltpolitik des Problemjahres 1973 zum Opfer gefallen. In ideeller Fortführung des Sechs-Dreier ist der 450 SEL 6.9 (V 116 E69) wiederum als Mélange aus der Langversion der Top-S-Klasse-Limousine und des großen V-8-Triebwerks M100 aus dem Typ 600 – jeweils in vielen Komponenten verfeinert, veredelt und vollendet und mit 286 PS nicht einmal ausgereizt – entstanden.

Er soll zusammen mit dem 450 SE im März 1973 auf dem Genfer Salon präsentiert werden. Der Sechs-Neuner läuft seit Sommer 1972 im Straßenversuch und ist längst serienreif. Doch die Einführung des Hubraumriesen erscheint zu jenem Zeitpunkt politisch inkorrekt: In den frühen Siebzigern bahnen sich im Nahen Osten neue Konflikte an – mögliche Szenarien beinhalten auch ein repressives Ölembargo der arabischen OPEC-Staaten.

Das Projekt 6.9 wird auf Eis gelegt – zu Recht, wie sich im Oktober 1973 herausstellt, als Israel im Jom-Kippur-Krieg angegriffen wird und die westlichen Industrienationen tatsächlich durch gedrosselte Ölfördermengen und einen immens gesteigerten Ölpreis von einer Unterstützung Israels abgehalten werden sollen. Die Regierung der Bundesrepublik Deutschland beschließt das „Energiesicherungsgesetz“, dessen Maßnahmen von Geschwindigkeitsbeschränkungen bis hin zu Sonntags-Fahrverboten reichen.

So dauert es noch weitere anderthalb Jahre, bis der Sechs-Neuner – übrigens ohne großes Trara – im Mai 1975 vorgestellt wird. In Serie geht der neue Spitzentyp allerdings erst vier Monate später. Die Tests im Blätterwald der Fachmagazine sprechen von einer Spitze von 230 km/h und von einem Standardspurt von acht Sekunden. Aus gutem Grunde wird eine jährliche Stückzahl von nur tausend Einheiten anvisiert. Die Nachfrage – vor allem aus Übersee – ist dann doch höher als erwartet, so dass die Zielvorgabe deutlich übertroffen wird. Dennoch unterstreicht das Fertigungsergebnis von 7380 Wagen beim Produktionsstopp im Mai 1980 ebenso wie der Preis von mehr als 80.000 DM – immerhin so viel wie zwei nicht zu knapp ausgestattete 350 SE – den abgehobenen Ausnahmecharakter des 450 SEL 6.9.

Für so viel Geld bekommt man allerdings ein High-Tech-Konzentrat erster Güte: Mögen die K-Jetronic und die dreistufige Wandler-Automatik noch als üblich gelten, die Trockensumpfschmierung des Triebwerks, die hydropneumatische Federung à la Citroën und das Sperrdifferenzial sind weniger konventionelle Merkmale.

Einen zweiten, wenn auch weniger spektakulären Sonderfall der 116er-Sippe stellt der ab Mai 1978 nur auf dem nordamerikanischen Markt lieferbare 300 SD (Code W 116 D30A) dar – ein aus der Not geborenes Konglomerat aus einer W-116-Limousine und dem 115 PS starken Fünfzylinder-Turbodiesel OM617 aus dem 240 D 3.0 der „Strich-Acht"-Reihe. Damit kommt Daimler-Benz den Flottenverbrauchs-Vorschriften CAFE der Carter-Administration entgegen, um Strafsteuern zu vermeiden. Die naturgemäß bescheidenen Fahrleistungen spielen angesichts der generellen 55-mph-Geschwindigkeitsbegrenzung – das sind 88 km/h! – auf dem US-Markt kaum eine Rolle. Das Äußere zählt eben – und deshalb ist der einträgliche Absatz von 28.634 bis September 1980 verkauften Diesel-S-Klässlern nicht unbedingt verwunderlich.

Man heißt jetzt auch so: 1972 kommt die offiziell auch so benannte S-Klasse der Baureihe 116, hier als 450 SEL natürlich zur Obstblüte fürs Werk fotografiert.

LE SYLCO

Genesis 126

S-DS 7956

Entwicklung und Erprobung

Als im September 1972 die fünfte Nachkriegsgeneration der Oberklasse von Mercedes-Benz – die erstmals als „S-Klasse" bezeichnete Baureihe 116 – in Serie geht, ist die Entwicklung der Nachfolger längst in vollem Gang. Im Herbst 1971 ist eine umfangreiche Galerie von Vorstudien entstanden, die ihre zunächst noch bestehende formale Anlehnung an die 116er mehr und mehr verlieren und obendrein zuweilen ungewohnt futuristische Stilelemente zeigen.

In den ersten beiden Jahren der Projektierungsphase geht man noch davon aus, dass der Radstand der Baureihe W 116 von 2865 Millimetern beibehalten werde. Das Lastenheft sagt über die endgültige Gestalt der S-Klasse-Nachfolger nur ziemlich wenig Konkretes aus und beschränkt sich mehr oder minder auf Allgemeinplätze: Die Folgegeneration soll ein Maximum an Komfort und Leistung bieten, gestützt auf aktuelle Forschungsergebnisse.

Da sich die Energiesituation zu Beginn der siebziger Jahre erkennbar zuspitzt, ist auch bei den großen Limousinen eine Verminderung des Kraftstoffkonsums angesagt. Zu einer der wichtigsten Richtlinien des Gesamtkonzepts wird die Treibstoffeinsparung aber erst nach dem Ölembargo des Winters 1973/74 erhoben. Die Ölverknappung bringt große Wagen aller Couleur vorübergehend ins Abseits.

Die kritische Haltung gegenüber tatsächlichen, häufig aber auch bloß mutmaßlichen Schluckspechten durch breite Volksschichten stellt allerdings noch eher eine Art Ventilwirkung des

Angeblasen: Schon die Modelle werden in den Windkanal gestellt.

Von der zweiten in die dritte Dimension: Schrittweise reift die neue S-Klasse. Am Anfang stehen Skizzen wie die beiden aus dem Jahr 1974, später modellieren die Angehörigen der Design-Abteilung Miniaturen, die immer wieder den Entscheidern präsentiert werden. Im ersten Schritt werden 1:5-Tonmodelle gezeigt, später kommen Schnittmodelle in Lebensgröße dazu.

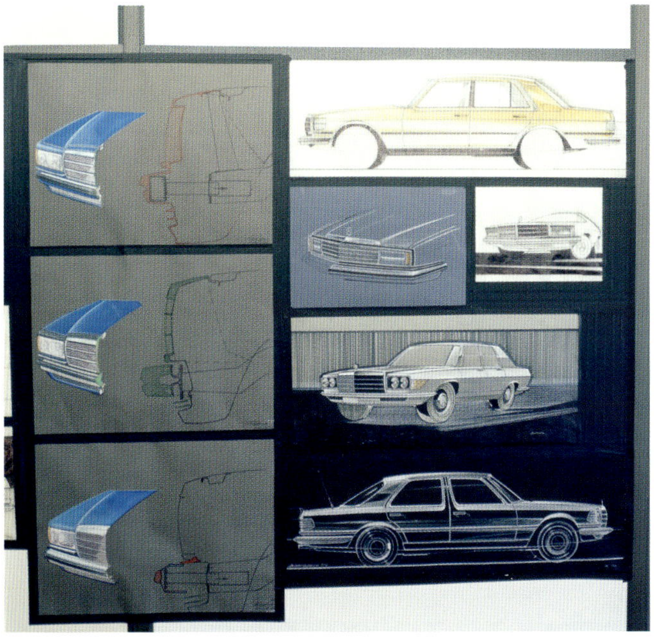

sozialen Neides dar als die ernsthafte, von verantwortungsbewussten ökologischen Überlegungen geleitete Sorge. Eine nicht zu übersehende Anti-Auto-Bewegung formiert sich. Das Automobil droht als Symbol der Unabhängigkeit und Mobilität in Frage gestellt zu werden. Angesichts dieser Zeiterscheinungen leitet die Kraftfahrzeugindustrie den sukzessiven Prozess des Umdenkens ein.

Um den Verbrauch der großen Modelle in den Griff zu bekommen, muss in Untertürkheim und Sindelfingen dreispurig vorgegangen werden – mit Hilfe triebwerkstechnischer Lösungen, durch aerodynamisch begründete Maßnahmen und mit einer gründlichen Schlankheitskur.

Gerade die Gewichtsreduzierung erfordert gründliche Überlegungen und löst unter Leitung des obersten Pkw-Entwicklers, Chefingenieur Friedrich van Winsen, einen intensiven Meinungsaustausch aus. Downsizing – die drastische Dezimierung der Hauptabmessungen zugunsten einer kleineren Verkehrsfläche – kommt nur sehr bedingt in Frage, da es in dieser Fahrzeugkategorie zweifellos unzumutbare Abstriche an Komfort und Raumangebot mit sich brächte.

Fast fertig: Am Ende eines langen Entwicklungsprozesses steht der endgültige Entwurf.

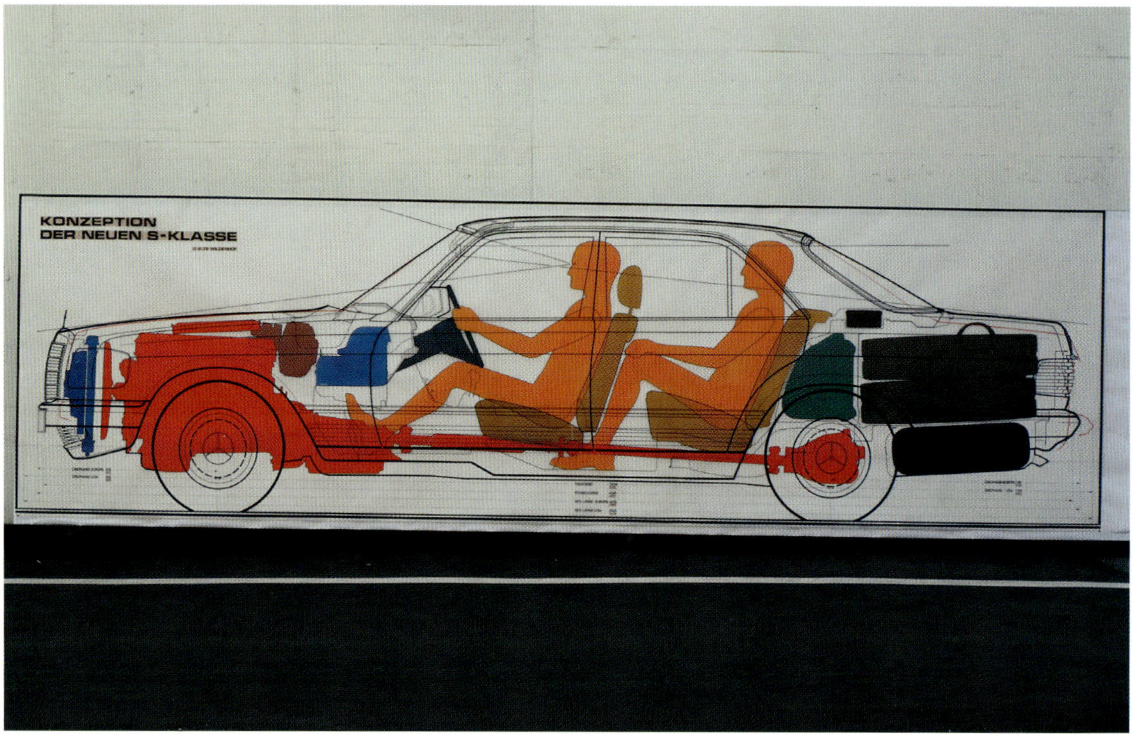

Alles Wichtige auf einen Blick: Das lebensgroße Konzept-Transparent zeigt klassischen Automobilbau, freilich mit modernsten Komponenten.

Designer-Runde: Bruno Sacco, Vize Joseph Gallitzendörfer und Peter Pfeiffer (Stylingchef 1999 bis 2008) begutachten die irdene S-Klasse.

Handarbeit: In der Designabteilung wird nach wie vor klassisch modelliert. Dazu gehören Erfahrung und Können.

Feinschliff: Mit Lack und Nummernschildern en miniature sieht das Tonmodell wesentlich beeindruckender aus.

Digitalisierung 1.0: Mit der Abtastanlage wird die Form des lackierten Tonmodells abgenommen und für den Rechner lesbar gemacht.

Mercedes-Benz Qualität ist perfekte Funktion und lange Lebensdauer.

Vollständige Ausgewogenheit aller technischen Eigenschaften eines Fahrzeugs ist das wichtigste Qualitäts-Kennzeichen der Neuen S-Klasse.

Ein starker Motor in Verbindung mit schwachen Bremsen imponiert nicht lange. Zu harte Federung wird durch zu weiche Sitze nicht ausgeglichen. Erst die präzise Abstimmung aller Elemente miteinander entscheidet über das Wohlbefinden des Fahrers und sein sicheres Fahrgefühl. Manchmal über mehr.

Eine Voraussetzung für die einmalige Harmonie eines Mercedes-Benz ist die Qualität von Konstruktion, Material und Verarbeitung. Qualität kann man nicht erreichen, wenn man fertige Fahrzeuge hinterher überprüft. Wenn Qualität nicht nur ein Schlagwort sein soll, beginnt sie bei der richtigen Idee für ein Teil oder Aggregat. Sie setzt sich in der Konstruktion fort und muß ihren Wert in harter Erprobung beweisen. Materialvorgaben und Materialprüfung sind für die Fahrzeugqualität ebenso unabdingbar wie eine Fertigung, deren Sorgfalt ständig objektiv kontrolliert wird. Erfolg der Marke und Kundentreue sprechen für diese Mercedes-Benz Methode.

Man könnte ja mal …: Nein, am Ende bleibt auch das Interieur dem guten alten Mercedes-Stil treu – gediegen, ein wenig elegant und extrem funktional.

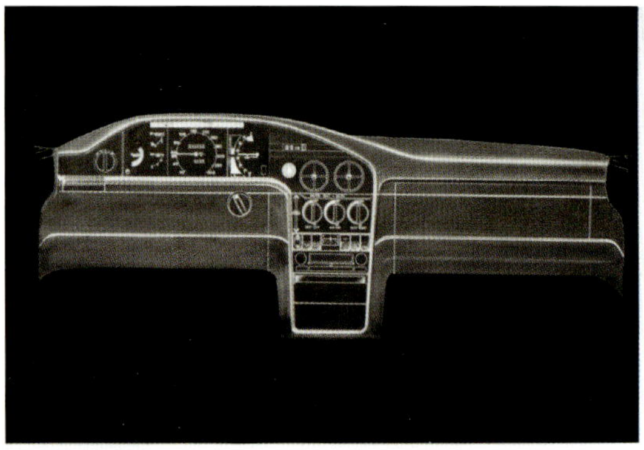

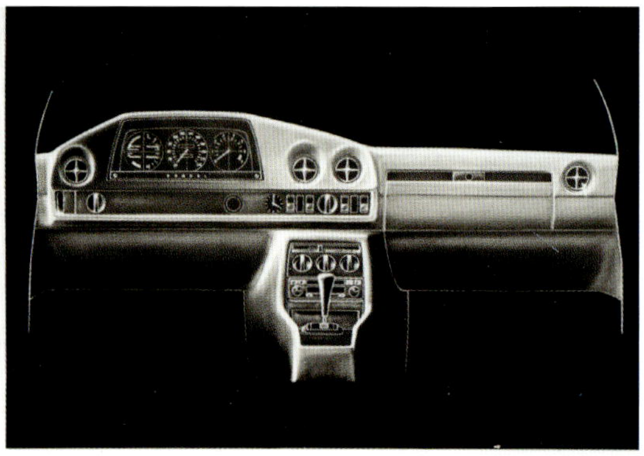

Die Mercedes-S-Limousinen erreichen im Vergleich zum Bundesdurchschnitt mit 25.000 Kilometern exakt die doppelte Jahresfahrleistung und sind häufig mit mehr als zwei Personen besetzt. Da eine Einschränkung des Fondraumes in dieser Preiskategorie als keinesfalls hinnehmbar gilt, strebt man eine strukturbezogene Lösung des Gewichtsproblems an. Diese Vorgehensweise bedeutet allerdings ebenfalls einen unverhältnismäßig hohen Zuwachs an Entwicklungskosten, zumal der gewohnte, längst sprichwörtlich gewordene Qualitätsstandard in keinerlei Hinsicht preisgegeben werden darf. Ausgefeilte Detailarbeit und die Anwendung neuer Werkstoffe lassen schließlich ein Abspecken der Rohkarosserie um 50 Kilogramm zu.

Diese Abmagerungskur besteht vor allem in einer Optimierung der Stahlstruktur: Dank computergestützten Designs (CAD) lassen sich sowohl der Gebrauch hochzugfester Stahllegierungen als auch die verwendeten Materialstärken genau an die Bedürfnisse der jeweiligen Baugruppen anpassen. Statt konventioneller Stahlbleche finden bei der Bodengruppe, bei den seitlichen Rahmenprofilen und bei den Dachlängsträgern neuartige niedriglegierte Stähle Anwendung. Diese HSLA-Stähle (high strength low alloy) sind mit Zusätzen von Titan, Niob und Vanadium legiert, besitzen die doppelte Festigkeit herkömmlichen Kohlenstoffstahls, können deshalb dünner gewalzt werden und sind somit leichter.

Aber auch viele weitere Bauteile werden dem Fastenprogramm unterworfen, wobei die jeweiligen Konstruktionsteams eng begrenzte Vorgaben erhalten. Insgesamt 31 Baugruppen, vom Wagenboden bis zum Tank, von den Leichtmetallmotoren bis zu den Stoßstangen, sind von den Erleichterungsmaßnahmen betroffen.

Der Wagenheizung etwa wird verordnet, fünf Kilogramm weniger zu wiegen als die der Baureihe W116 – leicht gesagt, aber durchaus kein leichtes Unterfangen für das Entwicklungsteam. Die Vordersitze haben bei ungeschmälertem Komfort und beibehaltenem Sicherheitsstandard drei Kilogramm leichter zu werden und selbst bei kleineren Bauteilen wie den Türschlössern besteht

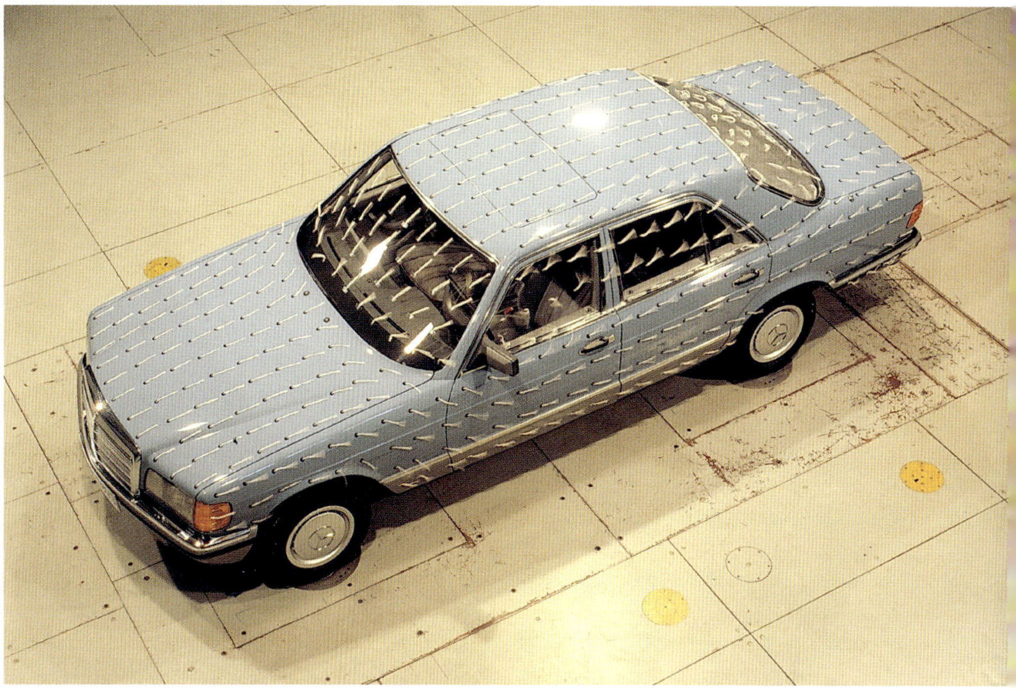

Oben: Strömungsfragen – die Wollfäden zeigen schön den Weg des Fahrtwinds. Was hier nicht zu sehen ist: Unendlich aufwändiger Feinschliff zugunsten weniger Lärms und sauberer Scheiben.

Unten: Aufwändig wie in der Pilotenausbildung – der Simulator bringt die S-Klasse in alle denkbaren Lagen außer dem Überschlag.

die Vorgabe von Gewichtseinsparungen. In der Summe aller Maßnahmen nennt Daimler-Benz in Presseverlautbarungen einem Gewichtsschwund gegenüber der Vorgängerreihe, der – je nach Typ, aber stets in Grundausstattung – bis zu 280 Kilogramm betragen kann.

Da die neuen Großen der Baureihe 126 aber – zumindest behaupten das die Pressemitteilungen des Hauses Daimler-Benz durchaus nicht ohne eine gewisse Logik – nach ihren Fahrleistungen jeweils eine Etage höher angesiedelt sind als ihre Vorgänger, ergibt sich ein verändertes Bild: Der neue 280 SE kann unter diesem Aspekt durchaus als Nachfolger des 350 SE (W 116) gesehen werden, zumal er 115 Kilogramm leichter ist, während zum identisch bezifferten Vorläufer ein Minus von 55 Kilogramm besteht.

Ähnlich sind die Fakten zwischen 380 SE und 450 SE mit einem Minus von 135 Kilogramm gelagert. Der 500 SEL, der vom Hersteller mit dem klassischen 450 SEL 6.9 verglichen wird, spielt – nicht zuletzt aufgrund des wesentlich leichteren Motorblocks – jene eingangs propagierte Abmagerung um 280 Kilogramm ein.

Ein weiterer, gewiss kaum einfacher zu beschreitender Weg zur Verbrauchsminderung besteht in der beträchtlich verbesserten Aerodynamik der neuen S-Klasse. Neben der Herabsetzung des Luftwiderstands-Beiwertes c_W von 0,41 auf 0,36 durch eine ganze Reihe formgestalterischer Kniffe wird auch die Stirnfläche verkleinert. Dabei ist die Wagenbreite um 45 Millimeter geschrumpft. Dank geschickter Stilistik und wegen der breiter gewordenen Spur sah man den 126ern aber nicht auf den ersten Blick an, dass sie schmaler geworden waren.

Dass die Sitzbreite durch eine derartige Maßnahme nicht drastisch eingeschränkt werden muss, haben die Karosseriebauer längst gelernt. Ausgedehnte Windkanal-Testreihen führen schließlich zu einem um 14 Prozent niedrigeren Luftwiderstand. Der c_W-Wert der neuen S-Klasse gilt 1979 geradezu als sensationell und stellt kurzzeitig eine Weltbestleistung für Limousinen dar.

Nachdem Strömungsverhältnisse und Gewichtseinsparung beherrscht sind, kann man sich dem Raumangebot der großen Limousinen widmen.

Oben: Startpaket – die erste Serie kennt drei Hubraumgrößen – 280, 380, 500. Alle gibt es auch in Langversion, nur nicht den 280 S ohne E.

Rechts: Kaltverformung – neuartige Kunststoff-Stoßfänger nehmen diesem Horrorszenario viel von seinem Schrecken.

Oben: Mittelklasse in der S-Klasse – der 380 SE bietet 1979 mit 218 PS die zweitstärkste Motorisierung.

Links: Feinschliff – Frontmaske, Radzierblenden, Scheibenrahmen, Außenspiegel – kein Detail bleibt verschont vom sturen Willen der Aerodynamiker, den 126er noch leiser und schnittiger zu machen.

Es existiert kein sinnvolles Argument, das etwa für grundlegende Eingriffe an der Bemaßung spräche. Hinsichtlich des Insassenkomforts hat die S-Klasse schließlich einen in vielen Jahrzehnten gewachsenen, nahezu sprichwörtlich gewordenen Ruf zu verteidigen.

Die ursprünglichen Weissagungen der Pessimisten und Schwarzmaler unter den wahren und den selbsternannten Autokennern werden Lügen gestraft, als evident wird, dass die Topmodelle hinsichtlich ihres Status weder abgewertet noch verwässert worden sind. Daimler-Benz bekennt sich nach wie vor zur Größe: Der Radstand wird um sieben Zentimeter – beim 500 SE wegen der abweichenden Hinterradaufhängung um 6,5 Zentimeter – gestreckt, bei den Langversionen wächst er gar um elf Zentimeter (500 SEL: 10,5 Zentimeter). So lässt sich das bei den 116ern bei welliger Fahrbahnoberfläche leicht spürbare Stampfen unterdrücken. Gemäßigter ist das Längenwachstum der Wagen ausgefallen: Die Normalversionen haben in dieser Dimension um 3,5 Zentimeter, die L-Ausführungen um 7,5 Zentimeter zugelegt.

Vom Frühjahr 1978 an werden die noch mehr oder minder handgeschnitzten Prototypen der kommenden Typenfamilie auf dem werkseigenen Testgelände in Untertürkheim erprobt. Im Sommer beginnt der Straßenversuch, der nahezu weltweit abläuft: So werden einige Versuchswagen im Herbst 1978 an einem der heißesten Plätze Amerikas, im kalifornischen Death Valley, gesichtet.

Oben: Alles neu: Eigens für die neue Baureihe werden auch völlig neue Montagehallen errichtet.

Unten: Noch mehr Innovation: So genannte Hängedrehförderer erleichtern den Monteuren in Sindelfingen erheblich die Arbeit.

Die vier Autos auf der Kreisbahn des Daimler-Benz-Versuchsgeländes repräsentieren die Ahnengalerie der S-Klasse oder zwei Jahrzehnte Werksgeschichte. Denn der 220 SE ganz links stammt noch aus den späten fünfziger Jahren. Die Entwicklung bei der Karosseriegestaltung ist nur zu offensichtlich. Sie führt zu immer glatteren und strömungsgünstigeren Formen.

Beim neuen Modell mit der Bezeichnung W 126 gelang den Karosserie-Konstrukteuren auf diesem Gebiet ein gewaltiger Sprung nach vorn. Der Luftwiderstands-Beiwert, der sogenannte c_W-Wert, beträgt hier nur 0,36. Der Luftwiderstand ist damit um 14 Prozent günstiger als beim Vorgänger.

Die Form des neuen Mercedes ist ebenso strömungsgünstig wie jene besonders gut gelungener Sportwagen. Bei den Limousinen aber nimmt der W 126 eine absolute Sonderstellung ein. Hier

Die Karosserie-Entwickler in Sindelfingen erreichten diese Rekordmarke, ohne das typische Erscheinungsbild eines Mercedes durch exotische Formen zu verfremden.

„Das, was der Laie für eine Stromlinienform hält, ist noch lange keine Garantie für einen geringen Luftwiderstand", meint dazu Gunstram Huber, Chef der Karosserieentwicklung. Günstige Werte sind vielmehr das Produkt einer zielstrebigen Detailarbeit."

Serienausführung und Prototyp des Mercedes W 126

Merkmale solcher Arbeitsweise sind zumindest auf den zweiten Blick zu erkennen: Die integrierten Stoßstangen, die versenkten Scheibenwischer, die winzigen Türspalten und die verkleinerten Regenleisten zeigen, wie konsequent unnötige Luftwirbel bekämpft wurden. Die Aerodynamiker machten ihre Sache so gründlich, daß die vorderen Bremsen unter extremen Bedingungen nicht mehr genug Kühlluft bekamen. Zwei Belüftungsschächte klärten das Problem, „obwohl die", so Entwicklungschef Professor Breitschwerdt, „den Luftwiderstand vergrößern". ▷

Vier Generationen der S-Klasse — ein klarer Trend zu fließenden Formen.

Im Winter 1978/79 sind die 126er so gut wie serienreif. In den Monaten Februar bis Mai 1979 wird die Vorserie erstellt. Sie umfasst gerade eine Handvoll Wagen mit Normalradstand, die neben den Produktionsvorbereitungen und den üblichen Detailverbesserungen auch der Werbeabteilung als Fotoobjekte für die Verkaufsliteratur dienen.

Am 12. Juli 1979 findet in Sindelfingen die interne Präsentation vor Vertretern der Daimler-Benz-Gesamtorganisation statt. Im September 1979 erfolgt schließlich die öffentliche Vorstellung auf der Internationalen Automobil-Ausstellung in Frankfurt. Inzwischen sind in Sindelfingen auch die speziell für die Baureihe 126 errichten Montagehallen und Produktionseinrichtungen fertiggestellt. Die im eigenen Haus entwickelten Hängedrehförderer erleichtern die Montage außerordentlich, weil sie den Mitarbeitern das lästige Über-Kopf-Arbeiten ersparen.

Trotz des deutlich vernehmlichen Anklangs in der Öffentlichkeit heißt es allerdings noch Geduld üben: Die vier Modelle mit Normalradstand gehen erst im Dezember 1979 (Sechszylinder) respektive im Januar 1980 (V8-Typen) in Produktion. Mit der auslaufenden Baumusterfamilie W 116 ergibt sich eine bis zu neun Monate dauernde Überschneidung, da der US-Markt für die Neuen noch bis September 1980 tabu ist. In Australien gar werden noch im Laufe des Jahres 1981 auf Vorrat gebaute W-116-Rechtslenker verkauft. Nach einer im Herbst 1979 gefertigten Vorserie von vier Fahrzeugen – ein 500 SEL wird noch rechtzeitig zur IAA fertig – nimmt im Juni 1980 auch die Herstellung der Langversionen der Baumusterreihe V 126 Fahrt auf.

Linke Seite: „Ein gewaltiger Sprung nach vorn" – in Heft 20 von 1979 preisen die Autoren von *auto, motor und sport* die neue S-Klasse, die auf den Fotos neben einem Erlkönig zu sehen ist.

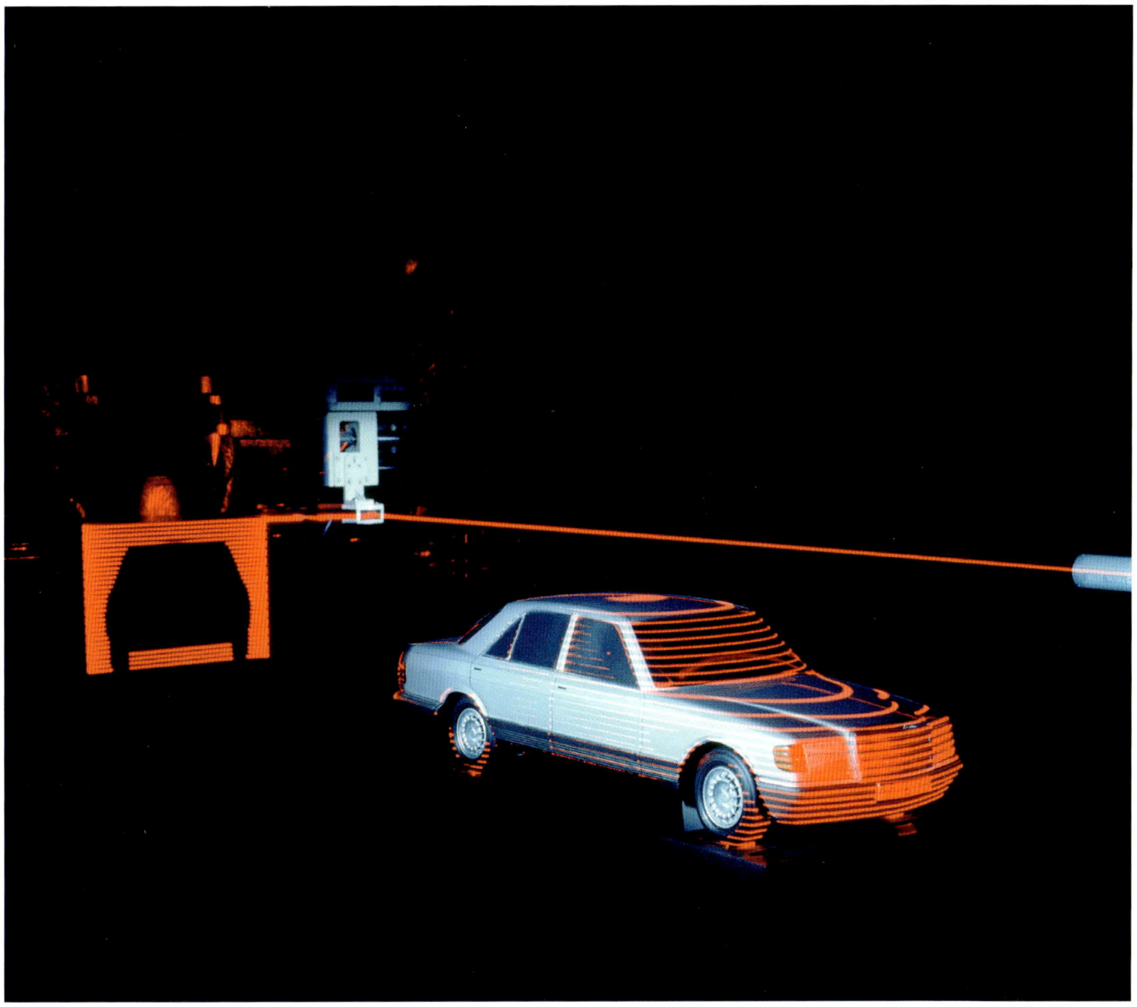

Angestrahlt: Laserlicht macht die für den Luftwiderstand maßgebliche Querschnittsfläche sichtbar. Der günstige c_W-Wert steht für die aerodynamisch günstige Gestaltung der Karosserie und ist in der Entwicklung ein Schlüsselwort im Bemühen um weniger Kraftstoffverbrauch.

JVC
PENTAX
TAXI
S 04740

SCOTCH CLUB
S-EM 7929

Das Auto 2000

Übrigens wird 1981 auf der Internationalen Automobilausstellung in Frankfurt am Main das Auto 2000 gezeigt. Der Forschungs-Personenwagen ist mit ABS, elektronischer Vortriebsregelung und einem Abstandsradar ausgerüstet. Im Vordergrund steht die Senkung des Verbrauchs. Außerdem soll der Schutz der Fußgänger verbessert werden. Drei Antriebskonzepte werden erprobt: ein V8-Benziner mit Zylinderabschaltung, ein V6-Turbodiesel und eine Gasturbine (siehe Zeichnung). Die aerodynamisch optimierte Karosserie (c_W=0,28) trägt ebenfalls zur Senkung des Verbrauchs bei. Auf der vorangehenden Doppelseite ist das Auto 2000 vor dem Stuttgarter Hauptbahnhof neben einer handelsüblichen S-Klasse zu sehen.

Supersachlich: Die Basis bleibt erkennbar, ansonsten ist das Auto 2000 ein Erprobungsfahrzeug.

Da klopft doch was …

Höret die Signale: Der Geräuschdiagnose-Koffer half den Service-Mitarbeitern bei der Interpretation ungesund klingender Geräusche. Auf vier Cassetten waren die einschlägigen Schadensgeräusche jeweils der Baureihen 107, 123, 126 und 201 zu hören und zum Vergleich abzuspielen im mitgelieferten Gerät. Auch im Aftersales-Bereich mühte sich das Unternehmen, die großen Erwartungen an das „Beste Auto der Welt“ zu erfüllen.

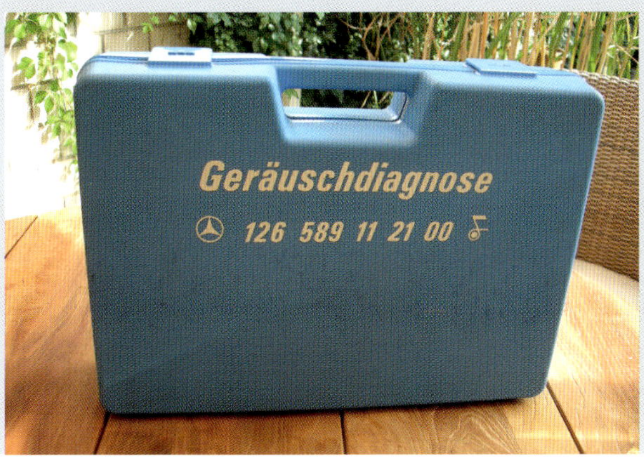

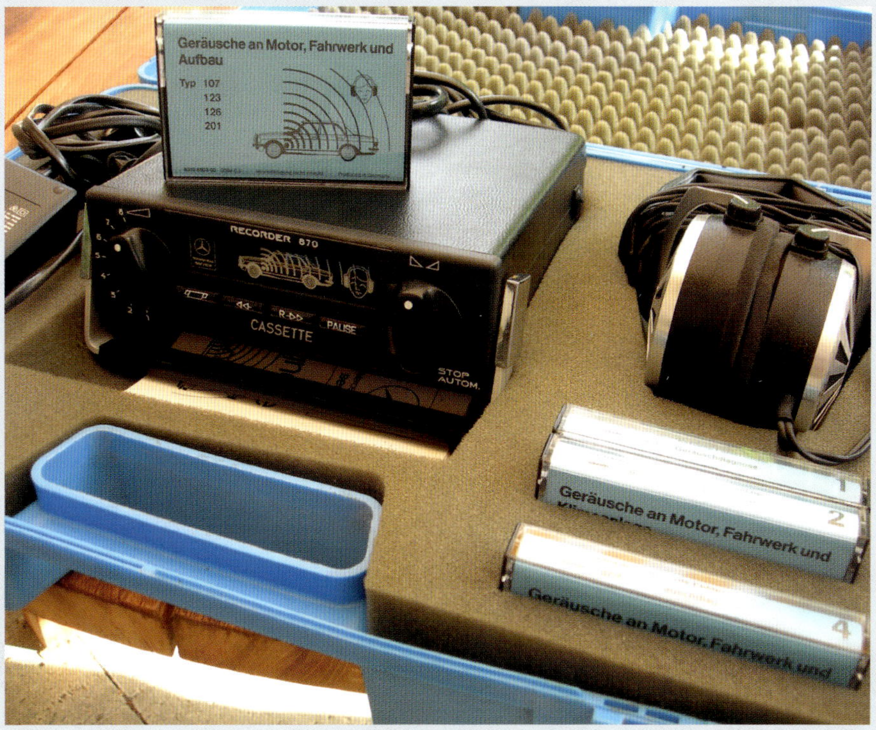

S-EC 1911

Er liebt mich, er liebt seine S-Klasse, er liebt mich: Selbstverständlich ließ das Werk auch den 126er zum Fotografieren auf die Obstwiese rollen.

Saccos Meisterwerk

Continental

Schlicht und ergreifend – die sachlich-elegante Hülle birgt tolle Technik und neue Sicherheits-Features

Länge läuft: Noch ein paar Zentimeter legten die US-Autos zu, deren voluminösere Stoßfänger die klaren Linien leider etwas verdarben.

Die Karosserien der Hundertsechsundzwanziger ähneln in den Grundzügen durchaus denen ihrer Vorgänger – eine stilistische Verwandtschaft ist unverkennbar und vermutlich gewollt. Das Designteam unter der Regie des 1933 im norditalienischen Udine geborenen Stylisten Bruno Sacco hat den Kompromiss aus der Erfüllung verbrauchsökonomisch bedingter aerodynamischer Erfordernisse und den Zugeständnissen an den überwiegend konservativ geprägten Geschmack der S-Klasse-Kunden bestmöglich gelöst.

Im Vergleich zu den Vorgängern präsentieren sich die 126er funktioneller und schlichter. Überzogene Attribute wie „schmucklos" oder „nackt", die zunächst aus den Reihen traditionell prestigebewusster Oberklassekäufer ertönen, können als zäher Umgewöhnungsprozess registriert werden. Dass die Wagen aber weniger repräsentativ wirken, wie in der Fachpresse angedeutet wird, ist nicht nachvollziehbar. Chromfülle und Blechornamentik charakterisieren den Stellenwert eines Automobils längst nicht mehr.

Modern, aber nicht zu aufregend, groß, aber nicht zu protzig: So mochten es die Kunden, die den ebenso sachlich wie repräsentativ gezeichneten 126 zur meistgebauten Luxuslimousine aller Zeiten machten.

Der zu den Flanken hin stark gerundete und deutlich angeschrägte Bug wird vom nach wie vor traditionell gestalteten, aber wiederum breiter und flacher gewordenen Kühlergrill beherrscht. Optisch stärker abweichend zeigen sich die vorderen Leuchteinheiten: Während die Scheinwerfer bei der Baureihe 116 streng rechteckig ausgeführt waren und bis an die Kühlermaske heranreichten, wirken sie beim 126er durch den stilistischen Trick einer Art Lid, das die Kante der Motorhaube bildet, gemäßigt exotisch.

Sie sind wie bei den Vorgängern mit den gerippten, nun allerdings größeren Blinkleuchten kombiniert, die um die Ecke weit in die flacher gewordenen Seitenteile hineinreichen. Halogen-Fern- und -Abblendlicht werden um serienmäßig integrierte Halogen-Nebelscheinwerfer ergänzt. Wer genau hinsieht, erkennt die aerodynamisch fast perfekte Einpassung der Leuchteinheiten in das Karosserieblech. Gegen Aufpreis gibt es eine unauffällig platzierte Wisch-Wasch-Anlage für die Scheinwerfer, dagegen zählt die pneumatische Leuchtweitenregelung zur Grundausstattung.

Der letzte mit „richtigem" Grill: Breiter und erneut flacher, aber klassisch solitär steht der verchromte Rahmen im Wind.

Beulenfrei: Unzählige Mechaniker freuen sich über die Möglichkeit, die Motorhaube senkrecht aus dem Weg zu stellen. Hier kommt man bestens an den 280er-Reihensechser heran.

Eigenständig: Limousine und Coupé haben jeweils ihre ganz eigene Linie. Der Viertürer kommt staatsmännisch-seriös mit Chromgrill wie im Anzug daher, das Coupé bekommt wieder den prominent vor dem Kühler platzierten Stern wie die früheren SL-Modelle. Diese Fahrzeuge sind Exemplare der 2. Serie.

10

Detaillösungen: Am W 126 tobten sich die Ingenierure noch in den kleinsten Kleinigkeiten aus – sei es mit den bereits vom Vorgänger bekannten gerippten Blinkergläsern, sei es mit im Windkanal optimierten Spiegelschalen.

Erstserienauto: Geriffelte Seitenbeplankung mit unverkleideten Schwellern, etwas weniger weit herabgezogene Schürzen und Barockfelgen identifizieren das 83er Modell.

Hilfe, der Chrom ist weg: Für heutige Verhältnisse kommt die S-Klasse recht reich geschmückt daher, nach den früheren Generationen mit dicken Chromstoßstangen wirkte sie fast karg.

Die Motorhaube war ursprünglich in Leichtmetallausführung geplant, wird dann aber doch in Stahlblech gefertigt. Sie fällt zum Bug hin flacher ab als bei den 116ern und hat an den Kanten günstigere Abrundungsradien erhalten. Zusätzlich zur normalen Öffnungsstellung lässt sie sich für umfangreichere Servicearbeiten und Reparaturen auch im Winkel von 90 Grad senkrecht aufstellen.

Vor der Windschutzscheibe ist die Motorhaube in einer Art Abrisskante hochgezogen, unter der die Scheibenwischer in Ruhelage verborgen bleiben. Damit sind die vollversenkten Wischer aus der Strömungslinie genommen, die verbesserte Windschlüpfigkeit bringt auch eine Geräuschminderung mit sich. Das wird bei US-Herstellern allerdings schon länger so praktiziert. Ein positiver Nebeneffekt besteht in der herabgesetzten Verletzungsgefahr von Fußgängern und Zweiradfahrern im Kollisionsfall.

Wie die Praxis bald zeigt, neigt der Wischerschacht allerdings dazu, sich mit Laub, Schnee oder Eis zuzusetzen. Glücklicherweise besitzen die Wischermotoren aber einen Überlastungsschutz. Auch das Wischerfeld von 77 Prozent der Frontscheibenfläche – gegenüber den Vorläufern eine Vergrößerung von fünf Prozent – löst nicht nur pures Entzücken aus, denn es bietet durch seinen ungünstigen Schnitt dem Beifahrer bei linksgesteuerten Wagen bessere Sichtverhältnisse als dem Fahrer.

Die ungewohnt großflächigen Stoßfänger zeigen sich nun erstmals bei einem Mercedes-Benz-Personenwagen bar jeglichen Zierrats – eine drastische Abkehr vom bisher gängigen Auftritt mit satt verchromtem, relativ schmalem Stahlprofil samt kräftigen Gummischutzleisten. Nun ist an dessen Stelle ein nachgiebig beschaffenes Aluminium-Pressteil getreten, das mit einer dicken Polyurethanhaut verkleidet ist. Der vordere Stoßfänger – von einer Stoßstange lässt sich kaum mehr sprechen – ist direkt ans Frontpaneel angesetzt und geht in die tief abwärtsgezogene Bugschürze über, die bei höheren Geschwindigkeiten den Auftrieb an der Vorderachse vermindert, unter dem Wagenboden Unterdruck erzeugt und so die Fahrstabilität positiv beeinflusst.

Auch da steht das Styling unter den Vorgaben des hauseigenen Windkanals. Im Endeffekt war an dieser Partie ein ganzes Aufgabenbündel zu lösen: Neben der aerodynamischen Funktion haben die Stoßfänger Karambolagen mit einer Aufprallgeschwindigkeit bis zu vier km/h schadlos zu überstehen, sie sollen also nachgeben, sich aber nicht

Spitzname Barockfelge: Seit Mitte der 1960er Jahre schmückten die beliebten geschmiedeten Leichtmetallräder aus dem Hause Fuchs diverse Mercedes-Modelle.

Rotweinwanderweg: Auf den Höhen über dem Ahrtal strahlt der 420er aus dem Baujahr 1986 in wohlerhaltener Pracht.

Business Class: Auf dem schnellen Weg zu guten Geschäften müssen es nicht unbedingt Alufelgen sein, auch wenn die meistens geordert werden. Fans finden heute die Kunststoffkappen wieder schön.

dauerhaft verformen. Bei kräftigeren Remplern sollen sie darüber hinaus noch Beschädigungen der Wagenfront abwenden.

Dass trotz alledem viel Gewicht gespart werden soll, lässt sich nur mit ausgefeilter Entwicklungsarbeit erreichen – und mit schlau eingesetzten Materialien. Die müssen leicht und besonders widerstandsfähig sein. Außerdem hat die Kundendienstorganisation ihre Forderung nach problemloser Auswechselbarkeit beschädigter Teile angemeldet.

Bleibt das Problem, dass die Kundschaft eher hochglanzverwöhnt ist und die elastischen Kunststoffteile der Stoßfänger nicht durchweg goutiert. Der bittere Vorwurf wird laut, dass nun auch bei Daimler-Benz das Plastikzeitalter Einzug gehalten habe, und er verstummt lange nicht. Nun, ganz schmucklos sollen die Autos auch nicht aussehen: Die Polyurethan-Komponenten werden je nach georderter Wagenlackierung in drei verschiedenen Grau- bis Brauntönen eingefärbt. Im Mai 1982 kommen zwei weitere Grautöne in die Auswahlliste, die sich mit weiteren Lackfarben gut kombinieren lassen. Nicht wenige Kunden lassen die Stoßfänger nach der Auslieferung in der Karosseriefarbe lackieren.

In der Seitenansicht wirken die S-Klasse-Limousinen in Neuauflage trotz deutlicher Reminiszenzen an die Vorgänger bei einer gemäßigt keilförmigen

Silhouette flacher und gestreckter. Dieser Eindruck beruht zum einen auf der stärkeren Neigung von A- und C-Säule, denn effektiv sind die Wagen sogar fünf Millimeter höher als die W116-Modelle. Andererseits tragen auch die breiten seitlichen Schutzleisten aus hochfestem Polyurethanschaum zu der horizontal betonten Optik bei.

Dieser gerippte Flankenschutz stellt ein weiteres Mercedes-Novum dar. Er verläuft auf Höhe der Stoßfänger im unteren Drittel der Türen zwischen den Radausschnitten, hat neben Parkbeschädigungen auch Steinschlag- und Streusalzschäden an den Türen zu verhindern und ist im Havariefall relativ leicht auszuwechseln. Auch für dieses Kunststoff-Ensemble ist die Farbpalette der hinteren und vorderen Stoßfänger vorgesehen. Die neu entwickelten Zuggriffe der Türen stellen das Ergebnis strömungstechnischer und sicherheitsorientierter Untersuchungen dar. Ein erstmalig angewandtes Schließsystem mit ausgeklügelten Vierbahnschlüsseln, versenkten Verriegelungsknöpfen innen und weiteren Sicherheitsmaßnahmen soll helfen, die 126er-Eigner besser vor Autodieben zu schützen, die es immer häufiger auf Limousinen mit dem Stern abgesehen haben.

Edelquartett: Von vorn sehen Sie 300 SE, 500 SEL, 500 SEC und 560 SEC.

Für die neue S-Klasse wird außerdem eine verbesserte, nach dem Bi-Druck-System arbeitende Zentralverriegelung konzipiert, die zunächst als zuschlagpflichtige Sonderausstattung zur Verfügung steht, ab Herbst 1982 aber zur Basisausrüstung zählt.

Auch der von innen einstellbare Außenspiegel mit Kunststoffgehäuse ist Teil des aerodynamisch optimierten Gesamtkonzepts und in hohem Maße an der bemerkenswerten Absenz von Windgeräuschen beteiligt. An den A-Säulen verhinderten die bewährten wasserabweisenden Blenden das Verschmutzen der Seitenscheiben. Die stufenlosen Übergänge zwischen Dachpfosten und Türrahmen sowie nach innen verlegte Regenleisten entsprechen dem Streben nach strömungstechnischer Vollkommenheit, die just an dieser Stelle allerdings erst im Herbst 1985 mit der überarbeiteten „Phase zwei" der Baureihe 126 erreicht wird.

Formal nicht unumstritten sind die glatten Radblenden aus Polyamid, die – im Gegensatz zu den bisherigen aus rostimmunem V4A-Stahl gefertigten Radzierdeckeln – mit ihrer wenig strukturierten Fläche ein wenig zu schlicht wirken. Auch da steht dann ab 1985 stilistisch besser gelungener Ersatz bereit. Außerdem kommt derartige Kritik kaum zum Tragen, weil die überwiegende Mehrheit der W-126-Limousinen mit den Fuchs-Leichtmetallrädern der gewohnten Bauart (im Volksmund Barockfelgen genannt) bestellt oder nachgerüstet wird.

In der Heckansicht zeigen sich die wohl geringsten Unterschiede im Styling der S-Klasse-Neuauflage zu ihren Vorläufern – sieht man auch achtern von den glattflächigen Stoßfängern mit der integrierten Schürze ab. Zwar ist die sanfte Abrisskante des Kofferdeckels leicht angehoben worden, die höheren Rückleuchten bewirken aber einen optischen Ausgleich. Sie entsprechen in ihrer Grundform denen des 116, sind aber deutlich kürzer. Eine Nebelschlussleuchte ist serienmäßig integriert.

In die Konzeption der Aufbaustruktur der Neuauflage der S-Klasse ist wiederum ein Höchstmaß an passiver Sicherheit eingeflossen. Das neue Sicherheitskonzept erfüllt weltweit als erstes Serienfahrzeug das Kriterium des asymmetrischen Frontalaufpralls (offset crash). Der Karosserievorbau hat einen längeren Verformungsweg erhalten. Zudem ist diese Knautschzone in Abschnitte gestaffelter Festigkeit unterteilt, um der Sicherheitszelle des Fahrgastraumes noch mehr Wirksamkeit zu verleihen – übrigens ein Novum für den gesamten Automobilbau.

In Verbindung mit dieser Maßnahme sind die vorderen Querträger neu angeordnet und die Längsprofile bis zum Wagenheck verlängert worden. Die vorderen Dachsäulen bilden mit dem Dach einen Rahmenverbund, der mehr Überrollfestigkeit bietet. Auch das Gurtsystem ist überarbeitet worden: Die vorderen Dreipunktgurte können dank einer Dreifach-Höhenverstellung der jeweiligen Körpergröße der Insassen angepasst werden. Auch Dreipunktgurte auf der Rückbank sind in den Achtzigern noch nicht überall selbstverständlich.

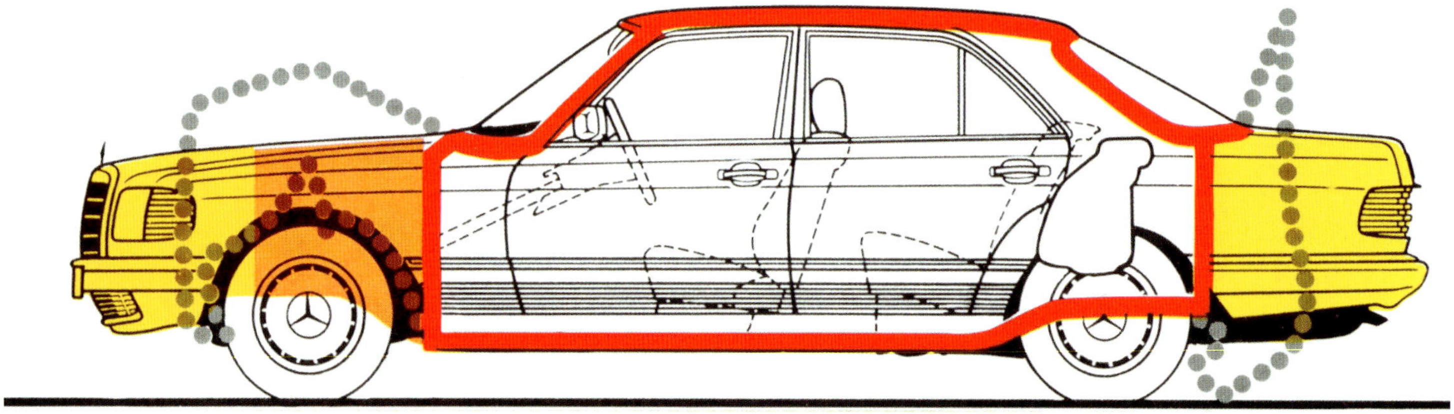

Sicherheitszelle: Idealerweise sollte beim Aufprall der rotgerahmte Raum intakt bleiben. Neu ist die vorn bis zur Spritzwand schrittweise zunehmende Festigkeit der Karosserie.

Sicher, komfortabel, schnell: Auch dieser 420 SE in der Metallic-Lackierung 432-bisonbraun bietet seinerzeit sensationell gute passive Sicherheit.

Geriffelt: Jahrelang waren die Leuchtengläser mit den breiten Simsen eine Art Markenzeichen, die ebenso wie an den vorderen Blinkern dafür sorgten, dass auch bei starker Verschmutzung die innenliegenden Flächen leuchtbereit blieben. Übrigens sind die Gläser der Coupé-Nebellampen dreifach gestuft, damit das Regenwasser besser abfließen kann.

Studien: Designer Bruno Sacco betrachtet auf dieser Aufnahme von 1990 diverse Entwurfszeichnungen für das 126er-Coupé.

Dynamik und Komfort

D
S-HV 9822

Das Fahrwerk der 126er

Das Fahr- und Tragwerk der Baureihe 126 – Radaufhängung und -führung, Federung, Lenkung, Räder und Bremsen – ist von den Vorgängern der Baureihe 116 mit nur vergleichsweise geringfügigen Modifikationen übernommen worden. Die Vorderradaufhängung hat vor allem bezüglich der Verbesserung des Geradeauslaufs eine Neuabstimmung erfahren.

Eine Anlehnung an Elemente der Mittelklasse-Familie 123 ist unverkennbar. Die oberen Querlenker bestehen – analog zum W 116 – aus Aluminium, besitzen nun aber größere Gummigleitlager. Die unteren Querlenker werden, wie beim W 123, aus Stahl gefertigt. Die Federn sind im Durchmesser um zehn Millimeter vergrößert und dadurch um 20 Prozent weicher geworden. Die Drehstablagerung ist nun nicht mehr an der Stirnwand, sondern auf dem Längsträger platziert.

Auch bei der Schräglenker-Hinterachse hat man sich auf Detailverbesserungen beschränkt: Der bumerangförmige Träger der vom Hersteller aus unerfindlichen Gründen als „Diagonalpendelachse“ bezeichneten Konstruktion ist gewichtserleichtert worden und hat ein kräftiger dimensioniertes Gummielement erhalten. Die Vorspur wurde von zehn auf 30 Winkelminuten vergrößert, um zur Verbesserung des Geradeauslaufs beizutragen.

Bei den Sechszylindern sind die seitlichen Lagerdeckel des im Übrigen kleiner gewordenen Achsmittelstücks entfallen. Dadurch ergibt sich eine Gewichtseinsparung von 1,5 Kilogramm. Ab Sep-

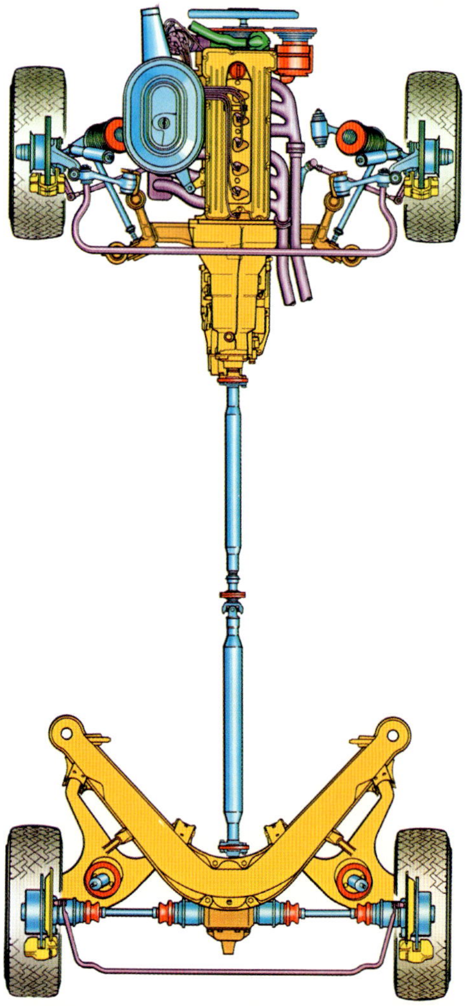

Stammen im Großen und Ganzen aus der Vorgängerbaureihe: Vorder- und Hinterachse sind aber unter anderem mit Konstruktionselementen der Teile aus dem W 123 verfeinert und verstärkt.

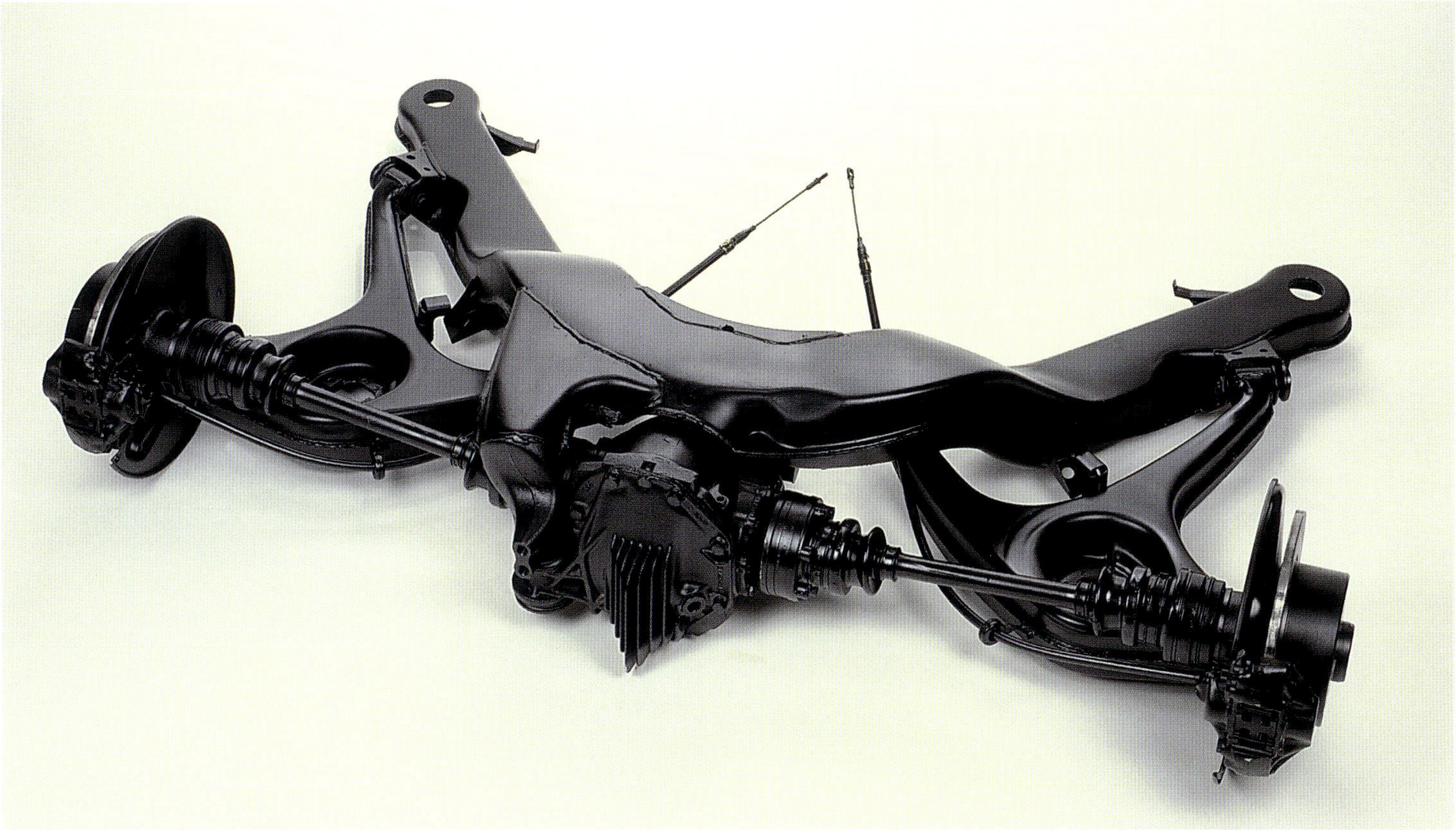

tember 1985 ist das Hinterachsgehäuse nicht mehr starr, sondern in drei Punkt-Gummilagerungen mit dem Achsträger verbunden. Die zu diesem Zeitpunkt von Teilen der Fachwelt erwartete Einführung der Raumlenker-Hinterachse, wie sie in den Baureihen 201 alias 190er und 124 zu finden ist, auch in der S-Klasse erweist sich als Fehlspekulation.

Das heutzutage selbst im preisgünstigsten Kleinwagen selbstverständliche Anti-Blockier-System (ABS) wurde nach fast zwanzigjähriger Entwicklungszeit schon bei der S-Klasse-Vorgänger-Generation 116 eingeführt und steht auch für alle 126er als Sonderausstattung (Code 47/0) zur Verfügung. Ab Spätherbst 1984 zählt das ABS bei den V8-Modellen zur Grundausstattung, die Sechszylinder folgen im September 1986.

Mit dem ABS hatten Daimler-Benz und Bosch eine epochemachende Pionierleistung vollbracht: Mit ABS ausgerüstete Autos bleiben auch bei Vollbremsungen lenkbar, Notbremsungen führen seitdem nicht mehr geradewegs in die Katastrophe. Die vorderen Scheibenbremsen der 126er haben neue Festsättel für dickere Klötze mit einer Belag-

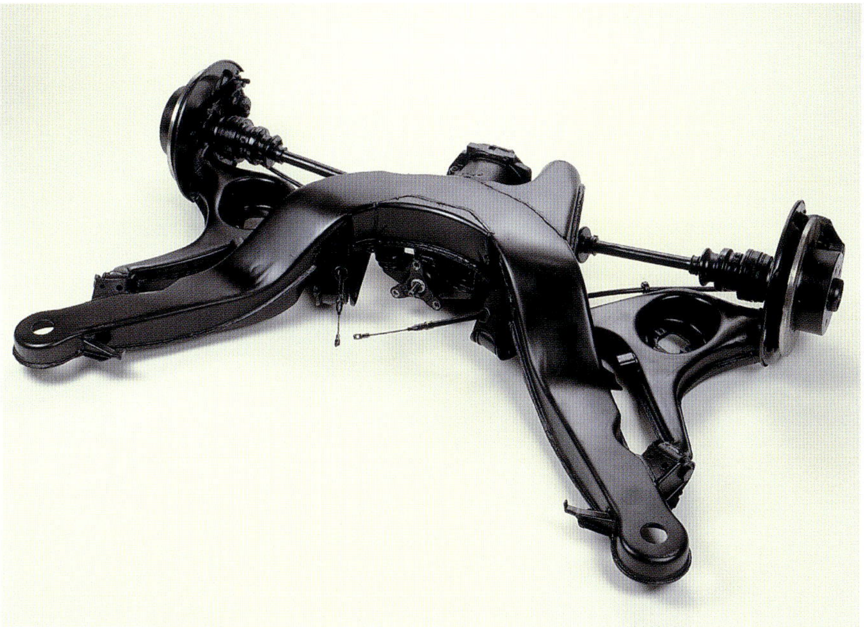

Man kann es auch Sturheit nennen: Die Schräglenker-Hinterachse nach dem Muster der Komponente aus dem W 116 nennt man in Stuttgart Diagonalpendelachse.

Noch nicht: Die sensationelle Raumlenker-Achse, wie sie für 190er (W 201) und die kommende später so genannte E-Klasse (W 124) eingeführt wird, kommt in der S-Klasse nicht zum Einsatz. Die herkömmlichen Schräglenker (grün) tun es aber auch bestens.

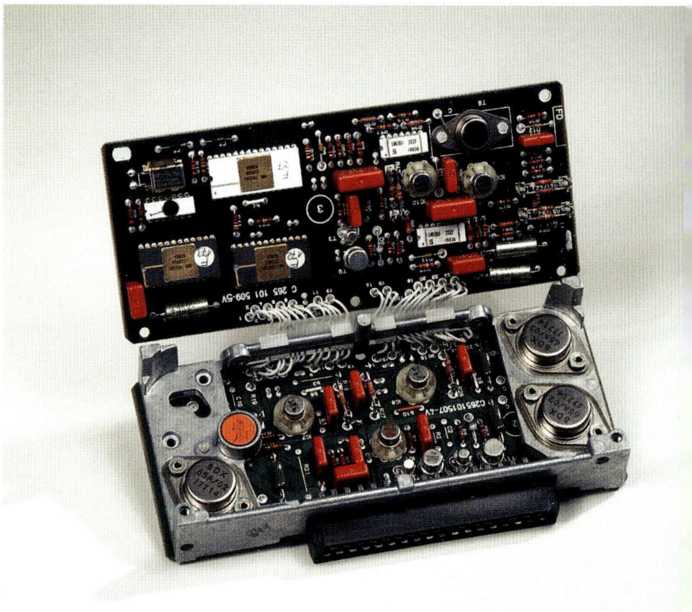

Es geht los mit der Elektronifizierung: Das ABS macht den Einbau eines Steuergerätes erforderlich. In der 2018 S-Klasse (W 222) sind – je nach Ausstattung – um die 135 Steuergeräte eingebaut.

Fahrversuche: Auf der Rutschplatte der Einfahrbahn in Untertürkheim sind zwei S-Klasse-Limousinen flott unterwegs. Die linke ist ein Erprobungsfahrzeug mit „aktiver" hydropneumatischer Federung, mit dem 1988 erste Versuche zur Wankreduzierung unternommen wurden.

Barock oder Gullydeckel? Puristen zucken immer ein bisschen, wenn der Volksmund Räderkunde treibt. Jedenfalls wird die mittlerweile traditionelle Fuchsfelge (links) im Zuge der großen Modellpflege vom 15-Loch-Leichtmetallrad abgelöst, das heute Kultstatus genießt.

Understatement: Ein 500er mit schlichten Plastikradkappen. Besonderes Schmankerl ist die frühe Sonder-Lackierung in 618-mimosengelb mit Leder im Farbton Olive.

S-A 9247

Ausweichmanöver: Der 380 SE kurvt 1980 scharf um bewegliche Hindernisse in Untertürkheim.

stärke von 13 Millimetern erhalten. Dadurch ist deren Lebenserwartung um ein Drittel gewachsen.

Zunächst sind die 126er alles andere als üppig bereift: Der Mercedes 280 S wird in Serienausstattung mit Reifen der Dimension 195/70 HR 14 – oder nach Neutypisierung 195/70 R 14 89H – auf Felgen der Größe 6J x 14H bestückt, der schnellere 280 SE mit entsprechenden VR-Pneus. 380er und 500er rollen auf breiteren Felgen (6½J x 14) und Reifen (205/70 VR 14), die auf Sonderwunsch auch für die Sechszylinder lieferbar sind.

Ab der großen Modellpflege im September 1985 wird der Felgendurchmesser – dem allgemeinen Trend entsprechend – auf 15 Zoll vergrößert, was größer dimensionierte Bremsscheiben erlaubt. Alle Modelle besitzen als Basisausrüstung nun Stahlblechräder der Dimension 7J x 15H2. Die Versionen 260 SE bis 500 SEL stehen einheitlich auf fülligen Super-Niederquerschnittsreifen der Größe 205/65 VR 15, während der 560 SEL mit 215/65 VR 15 eine Klasse breiter bereift ist.

Im September 1985 ändert sich auch das Styling der wahlweise lieferbaren, sehr populären im Gesenk geschmiedeten Fuchs-Leichtmetallräder. Die Einpresstiefe hat sich drastisch verringert, die Radschüssel ist flächig gestaltet und flach ausgeführt, die Radbolzen sind versenkt angeordnet. Die Barockfelgen werden durch die bis heute heißbegehrten, wiewohl salopp Kanaldeckel genannten Räder abgelöst. Diese zunächst gewöhnungsbedürftige Neugestaltung geschieht analog zu der bereits bei den Baureihen 201 und 124 vollzogenen Entwicklung. Durch Feinabstimmung des Fahrwerks werden in der 2. Serie Fahrkomfort und Laufruhe verbessert.

Nicht viel zu sagen gibt es über die problemlosen Fahreigenschaften der 126er – das muss wohl auch die Meinung der Tester sein, die dieses Thema in Regel flott abhaken können. Das Fahrverhalten wird von der Fachkritik mit neutral bis leicht untersteuernd beschrieben. Erst bei wenig artgerecht rasant gefahrenen Kurven schieben die Wagen über die Vorderräder hin zum Außenrand.

Die Möglichkeit hoher Kurvengeschwindigkeiten bedeutet eine breite Sicherheitsspanne – auch für weniger versierte Fahrer. Selbst bei plötzlichem Lastwechsel zeigen sich kaum Reaktionen. Zu den großen Reserven des Fahrwerks trägt auch die präzise arbeitende, ziemlich direkte Servolenkung bei. Der Geradeauslauf ist unbeirrbar. Die perfekte Fahrwerksabstimmung äußert sich auch im weit überdurchschnittlichen Federungskomfort. Die Gesamtauslegung lässt sich als durchaus straff bezeichnen.

Lediglich die Absorption kurzwelliger Fahrbahnunebenheiten bei langsamer Fahrt zählt nicht gerade zu den absoluten Stärken der Limousinen mit kurzem Radstand. Schließlich wird auch eine hervorragende Fahrwerkscharakteristik zwangsläufig immer nur ein Kompromiss zwischen neutralen Verhaltensweisen und höchstmöglichem Fahrkomfort bleiben. Über den Geschmack lässt sich aber bekanntlich nicht streiten: Wer nach einer extrem sportlichen oder gar spartanischen Abstimmung verlangt, muss sich an einen der vielen Tuner wenden, die milde bis beinharte Fahrwerksprogramme anbieten – natürlich auf Kosten des harmonischen Gesamtkonzepts.

Immer wieder wird getestet: Dieser 126er ist 1984 auf der Einfahrbahn in Untertürkheim unterwegs.

Schräger geht's nicht. Das bekannte Foto von 1984 darf hier einfach nicht fehlen: oben ein W 201, ganz oben ein W 126 und knapp dahinter ein Reise-Omnibus O 303 in der Steilwand der Untertürkheimer Einfahrbahn.

In den Schnee mussten sie alle:
Keine Mercedes-Werbekampagne kam ohne souverän durch herrliche Winterlandschaften pflügende Limousinen aus.

Innere Werte

Innenausstattung, Instrumentierung und Bedienungselemente

Bei aller Funktionalität im Äußeren vermittelt der Innenraum der 126er eine salonähnliche Atmosphäre, die weitgehend von modischen Stileinflüssen und störanfälligen Elektronikspielereien freigehalten wurde. Traditionsgemäß gibt es handgefertigte Sitze mit atmungsaktivem und bewährt langlebigem Stahlfederkern und luftdurchlässiger Polsterauflage mit wollwattegefüllten Vollpfeifen, feuchtigkeitsableitend ausgeführt und wie bei Daimler-Benz üblich ziemlich straff gefedert: Bei der allerersten Fühlungnahme wirken sie vielleicht nicht sonderlich anschmiegsam, um dann aber bei längerem Sitzen ihre Vorzüge auszuspielen und dem Wohlbefinden der Insassen entgegen zu kommen.

Nicht zuletzt dank der körpergerechten Wölbung der Lehnen und der extrem dauerhaften Bezugsstoffe – als Sonderausstattung kann man unter vier verschiedenen Macharten aus MB-Tex, Leder und Velours wählen – zählen die Mercedes-Sitze wohl zu den besten auf dem Markt.

Erste Klasse: Bevor Leder zum Luxustrend wird, ist dieser 420 SE mit Velours und reichlich Extras obendrein ziemlich gut ausgestattet.

Oben: Die berühmte „Buchhalterausstattung" – der Erstbesitzer dieses 280 SE verzichtete praktisch auf alles außer Radio, Veloursbezüge, Automatik und Schiebedach.

Oben rechts: Dauerhaft und pflegeleicht – die Lederausstattung erkennt man an den nicht durchgehenden Pfeifen, bei MB-Tex verlaufen sie bis zur Sitzkante.

Besonders schön auf Wurzelholz: Türtechnische Vollausstattung in der Langlimousine bedeutet Memory vorn, Heizung und elektrische Verstellung hinten.

Oben: Beinfreiheit, die ich meine – im SEL kann sich achtern niemand mehr über Platzmangel beklagen, hier in einem Zender-Kombi. Auf Sonderwunsch (SA 226) gab's auch noch Fußstützen fürs bequemere Reisen im Fond.

Unten: Der legendäre Reiserechner – anstelle der Zeituhr sitzt der frühe Bordcomputer in der Armatureneinheit. Der Drehzahlmesser zieht um ins linke Eck.

Durch Kehlungen an den Rückseiten der Vordersitzlehnen lassen sich für die Rückbank-Reisenden zusätzliche 25 Millimeter Beinfreiheit gewinnen. Innenbreite und Kopffreiheit auf den vorderen Plätzen haben im Vergleich zur Vorgänger-Baureihe zwar etwas abgenommen, die Dachhöhe über den Fondpassagieren ist indessen um mehr als acht Zentimeter gewachsen.

Eine der herausragenden Komponenten der Wohnlichkeit in den 126ern ist der erstklassige Geräuschkomfort. Galt bereits das Pianissimo der 116er als vorbildlich, beweisen die Nachfolger, dass noch eine Steigerung möglich ist. Über die flüsternden Triebwerke, die nach allen Regeln der Kunst vollzogene Fahrwerksdämpfung und die ausgefeilte Aerodynamik hinaus wird der Geräuschpegel auch bei höheren Geschwindigkeiten mit Hilfe weiterer Maßnahmen merklich gesenkt: Dazu zählen eine Leichtmetall-Schottwand zwischen Motor- und Innenraum, doppelte Türabdichtungen ringsum, ausgeschäumte C-Säulen, verbesserte Fensterschacht-Dichtleisten und eine modifizierte Belüftungsanlage.

Für den Fall, dass das Platzangebot im Fond nicht genügt, steht bei den SEL-Versionen der Reihe V 126 – der Buchstabe V steht für „verlängert" – dort ein zusätzlicher Knieraum von 14 Zentimetern zur Verfügung. Dennoch kann ein 500 SEL kein Ersatz für den verblichenen 600 (W 100) oder gar dessen Pullman-Variante sein. Vor allem auf gewissen außereuropäischen Märkten besteht von jeher ein Bedarf an exponierten King-Size-Versionen, der von kleinen Spezialfirmen dies- und jenseits des Atlantiks auf der Basis der Baureihe W 126 erfüllt wird.

Auch im Hause Daimler-Benz prüft man durchaus die Möglichkeiten der Fertigung derartiger rollender Gemächer: Seit den frühen achtziger Jahren werden dort immer wieder enorm verlängerte 126er mit einem großen dritten Seitenfenster im Versuch beobachtet. Zu einer Kleinserienfertigung kann man sich jedoch aus wirtschaftlichen Überlegungen (noch) nicht entschließen und überlässt auf diesem Gebiet das Feld weiterhin unabhängigen Karossiers und Veredlern.

Die Armaturenanlage der 126er wurde im Vergleich zu den Vorgängern nur relativ gelinde

überarbeitet. An der Platzierung der Instrumente und Bedienungselemente hat sich nichts geändert. Dagegen verwandte man auf die veränderte Konzeption der Heizungs- und Belüftungsanlage einige Mühe: Nun besteht die Möglichkeit, die Innenraumtemperatur für beide Wagenseiten getrennt auf das Grad genau einzustellen. Das elektronisch gesteuerte Regelsystem mit der eigenwilligen Bezeichnung „Heizmatic“ kann mit Werten zwischen 16 und 32 Grad Celsius programmiert werden.

Im Innenraum verteilte Wärmefühler steuern das Regelgerät unabhängig von der Außentemperatur. Nach dem Erwärmen der Luft im Fahrgastraum sorgt diese Anordnung für gleichbleibende Temperatur bei jeder Fahrgeschwindigkeit. Ab September 1985 ist zudem das Umschalten auf Umluft möglich, um schnelleres Heizen bei extremer Kälte sicherzustellen. Analog zu der 1971 bei der Roadster-Baureihe R 107 eingeführten Praxis verlaufen bei den 126ern Warmluftkanäle in den Türen.

Auch der Belüftung hat man erhöhte Aufmerksamkeit geschenkt. Die Mittelkonsole wird – sofern nicht die häufig georderten Extras Klimaanlage

Oben: Supplemental Restraint System – SRS und Airbag heißt es zur Sicherheit gleichsam ausführlich auf der Prallplatte des Luftsacklenkrads der ersten Generation.

Unten: Das gab es auch in der Oberklasse – kein Airbag, kein ABS, nur die nötigsten Kontrollleuchten in der ersten Serie.

oder Klimatisierungsautomatik mit von der Partie sind – von zwei großen Drehschaltern beherrscht: dem vierstufigen Luftmengenregler und dem Luftverteilungsschalter.

Der Fondraum besitzt eine separate, individuell einstellbare Frischluftzufuhr mit zentraler Düse an der Hinterseite der Mittelkonsole, die ab 1985 auch auf Warmluft umgestellt werden kann. Seit Juli 1981 sind die 126er mit Fahrer-Airbag und Gurtstraffern für Fahrer und Beifahrer ausgerüstet.

Bei der Polsterung stehen – wie markentypisch seit langem üblich – vier Varianten zur Auswahl: Stoffbezüge bilden für die meisten Modelle außer den Top-of-the-line-Vertretern 500 SEL und 560 SE/SEL die Basisausstattung. Die Kunststoffpolsterung MB-Tex ist – außer für die erwähnten Spitzentypen – aufschlagpflichtige Sonderausstattung. Die drittteuerste Möglichkeit der Innenausstattung bietet die Velourspolsterung, die für 500 SEL und 560 SE/SEL Grundausstattung ist und für den Rest der 126er-Palette extra bezahlt sein will.

Das Gleiche gilt für die teuerste Ausgestaltung mit Leder – bei 500 SEL und 560 SE/SEL optional ohne Aufpreis, sonst aber Sonderausstattung. Bei den verlängerten SEL-Typen kann mit dem Sonderausstattungs-Code 223 eine elektrische Verstellung der Fondsitzbank geordert werden.

Oben: Einladend – Velourspolster kosten extra, im Laufe der Produktionszeit zwischen 1559,40 bis 2365,50 Mark.

Vorbildlich gelöst: Selbsterklärend vom ersten Augenblick und vielkopiert ist die Bedienung der elektrisch verstellbaren Sitze vorn. Der Name des Holzes ist Zebrano, der Türbezug ist auch bei der Lederpolsterung aus Kunststoff.

Oben: Ganz was Feines: Die elektrisch verstellbare Coupé-Sitzanlage für den Fond des '86er SEL steht auf der langen Liste der Sonderausstattungen unter der Nummer 224 mit dem satten Aufpreis von 8914,80 Mark.

Mitte: Stereo – das Becker Europa Cassette reichte dem Erstbesitzer ebenso wie Schiebedach und Veloursitze für S-Klassen-Glück.

Unten: Für die Märkte mit Linksverkehr musste die Feststellbremse umziehen. Immerhin lässt sich so wieder von einer Handbremse sprechen.

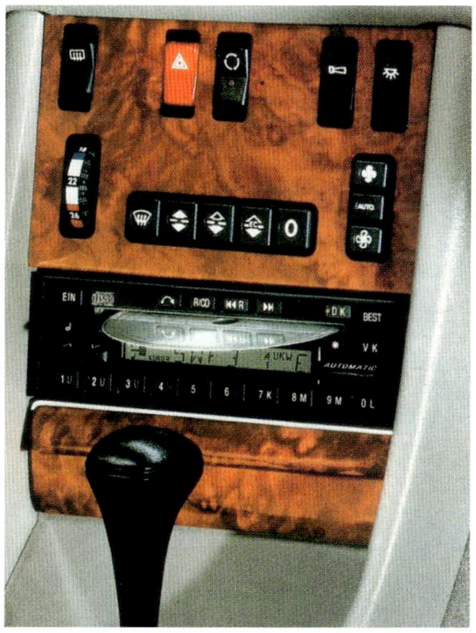

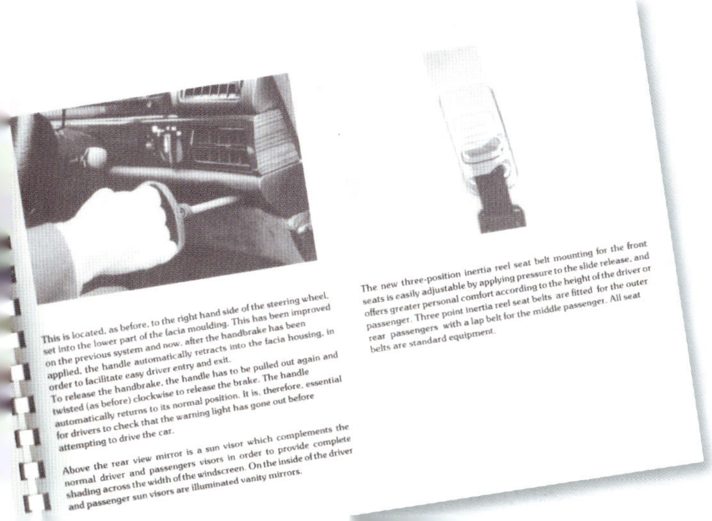

This is located, as before, to the right hand side of the steering wheel, set into the lower part of the facia moulding. This has been improved on the previous system and now, after the handbrake has been applied, the handle automatically retracts into the facia housing, in order to facilitate easy driver entry and exit.
To release the handbrake, the handle has to be pulled out again and twisted (as before) clockwise to release the brake. The handle automatically returns to its normal position. It is, therefore, essential for drivers to check that the warning light has gone out before attempting to drive the car.

Above the rear view mirror is a sun visor which complements the normal driver and passengers visors in order to provide complete shading across the width of the windscreen. On the inside of the driver and passenger sun visors are illuminated vanity mirrors.

The new three-position inertia reel seat belt mounting for the front seats is easily adjustable by applying pressure to the slide release, and offers greater personal comfort according to the height of the driver or passenger. Three point inertia reel seat belts are fitted for the outer rear passengers with a lap belt for the middle passenger. All seat belts are standard equipment.

Oben: State of the Art – gegen Ende der Bauzeit ab Ende 1990 war das Becker Europa 2000 mit CD-Spieler der letzte Schrei.

Links: Kleine Klappe als echter Sicherheitsfaktor – die dritte Sonnenblende schließt die Lücke über dem Rückspiegel.

Begehrt und für den AMG angemessen: Grauer Velours passt zum Lack in der Farbe Lapisblau metallic. Selbstverständlich ist das AMG-Lenkrad ebenfalls grau bezogen.

Einmal Coupé mit alles: Reich ausgestattet ist der 560 SEC unter anderem mit zeitgenössischem Telefon, dem seinerzeit teuersten Radio Becker Europa 2000, Sitzheizung, Heckrollo, Überlandfanfare und Edelholzbox zwischen den Vordersitzen.

Nicht ganz original: Das Radio ist jünger als das Auto, und die Schalter in der hintersten Reihe bedienen den Heckscheibenwischer. Der 560 SEL ist ein Zender-Kombi. In der obersten Reihe (2. von rechts) der Konsole ist der Schalter der Stoßdämpfereinstellung der hydropneumatischen Federung zu sehen.

Luxusgegenstände für die Hinterbänkler: Leseleuchten (oben) gibt es ebenso extra wie Sitzheizung und -verstellung. Das untere Bild aus dem gleichen Auto (500 SEL) zeigt übrigens die für die USA obligatorische Ablage vorn links, die auch als Knieschutz dient.

Für die optionale elektrische Betätigung der Vordersitze haben sich die Daimler-Entwickler einen epochemachenden und geradezu genialen Knüller einfallen lassen – die Steuerung der einzelnen Sitzfunktionen mit Hilfe von Schaltern in den Türen, die dank ihrer Form als Miniaturen von Sitz und Lehnen völlig intuitive Bedienung erlauben. Wer etwa die kleine Lehne in der Türverkleidung mit leichtem Fingerdruck nach hinten bewegt, wird automatisch in Richtung Liegesitzstellung befördert.

Von deutschen Testern als unnütz oder als Spielerei abgetan, erntet diese Option in den USA und in Japan veritable Begeisterung. Diese für die Fahrer- und Beifahrerseite mit den Codes 221 und 222 getrennt bestellbare Sonderausstattung kostet pro Seite rund tausend Mark.

Teurer ist die zunächst zweifache Memory-Speicherung, mit der sich die Stellung der Sitzpolster an die jeweils chauffierende oder beisitzende Person individuell anpassen lässt. Ab August 1983 wird die Memory-Schaltung in drei Positionen ausgeführt. Für die Top-Modelle 560 SEL und später 560 SE der zweiten Bauphase der 126er wie auch für die SEC-Coupés zählt diese Sitzbetätigung zur Basisausstattung.

Mehr als einen netten Einfall stellt die dritte kleinformatige Sonnenblende in der Mitte unter dem abblendbaren Innenspiegel dar, denn sie verhindert die Blendung des Fahrers bei niedrigem Sonnenstand. Die fußbetätigte Feststellbremse hat einen neuen, ergonomisch günstiger gestalteten Entriegelungsgriff erhalten.

Die Taste des Handschuhfachschlosses befindet sich nun endlich auf der fahrerzugewandten Seite und trägt dazu bei, riskante Akrobatik während der Fahrt zu vermeiden.

Das geschäumte Oberteil der Armaturenanlage wird in sechs, der Dachhimmel in drei verschiedenen Farbtönen – je nach georderter Innenausstattung – ausgeführt. Instrumententafel und Mittelkonsole tragen eine splittersichere Edelholzauflage – beispielsweise Zebrano. Gegen Mehrpreis ist auch Wurzelnussfurnier lieferbar, das beim 560 SEL ab Einführung im Herbst 1985 zur Grundausstattung zählt.

Gefragt vor allem im Norden: SA 228 steht für die Standheizung, die von der kleinen Konsole gleich vor dem Schalthebel aus bedient wird. Den Motorraum des 420 SEL mit seinem Achtzylinder macht das Ding noch ein wenig voller.

Klar, durchdacht, aufgeräumt: Nutzerorientiert und intuitiv bedienbar nennt man heute gern, was just das eben nicht ist. In einem Mercedes-Cockpit der 70er und der 80er Jahre findet sich jeder auf Anhieb zurecht.

Die Motoren

D400-F900 EN124

Die Motorenpalette der ersten 126-Generation 1979 bis 1985

Das Triebwerksprogramm der Baureihe 126 wird von 1979 an dreimal neu geordnet. Die erste Motorengeneration umfasst je zwei Sechszylinder- und V8-Maschinen. Die beiden Sechszylinder-Typen gehen als erste 126er im Dezember 1979 in Produktion. Der 280 SEL mit verlängertem Radstand folgt im Juni 1980.

Die beiden 2,8-Liter-Reihen-Sechszylinder des Baumusters M110 sind alte Bekannte. Die seit 1971 eingesetzten Drehzahlkünstler mit den attraktiven Doppelnockenwellen-Köpfen sind mit zweierlei Art von Gemischaufbereitung erhältlich: Beim mit dem Solex-Doppelregistervergaser 4A1 und der kontaktlos gesteuerten Transistorzündung ausgerüsteten 280 S stehen 156 PS (115 kW) zur Verfügung, die es laut Tests erlauben, die 200-km/h-Marke zu knacken.

In der Einspritz-Variante 280 SE mit der neu abgestimmten Bosch-KA-Jetronic sind es 185 PS (136 kW). Diese Ausbeute sorgt für Leistungsdaten, die

Der „kleine" Achtzylinder: Die mittlere Motorisierung ist der 380er.

280er-Impressionen: Der SE wird gefahren, und das darf man ihm auch ansehen. Als Komfort-Extra ist vorne links ein König-Sportsitz eingebaut.

die entsprechenden Ziffern des V8-Typs 350 SE der Vorgängerfamilie übertreffen. Eine elektronisch geregelte Schubabschaltung verbessert die Verbrauchsökonomie.

Nachdem der für die Pkw-Technik verantwortliche Chefingenieur Professor Werner Breitschwerdt – der spätere Vorstandsvorsitzende von Daimler-Benz – der Notwendigkeit eines Fünfganggetriebes widersprochen hat, ist die Basis-Schaltbox unverändert ein manuelles Vierganggetriebe. Neu ist der synchronisierte Rückwärtsgang.

Ein Fünfganggetriebe lässt sich erst ab Herbst 1981 ordern – als Sonderausstattung. Viel Lärm um (fast) nichts, denn mehr als 80 Prozent der Wagen werden mit der zugunsten eines besseren Wirkungsgrades völlig neu konstruierten vierstufigen Wandlerautomatik geordert.

Spitzenmotor: Der Fünfliter M117 ist in der ersten Serie die Topmotorisierung. Unten ist im Vordergrund noch einmal der reine Block zu sehen.

Im Gegensatz zu den Reihensechsern sind die beiden Achtzylinder jüngeren Datums und mit der Zielrichtung auf die S-Klasse neu konzipiert worden, wobei allerdings das größere Aggregat seinen Einstand bereits in kleiner Stückzahl im 450 SLC 5.0 (C 107) des Jahres 1978 gegeben hat. Die V8-Motoren fußen konstruktiv auf der Vorgängergeneration, mussten aber den veränderten Zeitbedingungen angepasst werden. Die Weiterentwicklung war von den Parametern Leistungssteigerung, Verbrauchssenkung, Verbesserung von Laufruhe und Emissionsverhalten sowie von der Vorgabe der allgemeinen Gewichtseinsparung geprägt.

Der 3,8-Liter-V8 von 380 SE und SEL mit dem gegenüber dem 3,5-Liter-Vorläufer unveränderten Triebwerkscode M116 und dessen Fünfliter-Pendant M117 (Motortyp wie beim Vorgänger 450 SE/L) in den Typen 500 SE/SEL sind sohc-Leichtmetalltriebwerke und dank des Einsatzes anderer Werkstoffe zwischen 40 und 52 Kilogramm leichter als die entsprechenden Motoren der Baureihe 116. Das 9,0:1 verdichtete Triebwerk der 380er weist bei unveränderter Zylinderbohrung einen im Vergleich zum vorherigen 3,5-Liter um sechs Millimeter verlängerten

Oben: In Wagenfarbe – der 500-SEL-Schriftzug prangt auf einem Auto des Jahrgangs 1983, das mit AMG-Teilen modifiziert ist.

Unten: Und so sieht er von innen aus – der Fünfliter-Achtzylinder im Schnitt.

Einmal kurz, einmal lang: 231 PS leistet der Fünfliter, der in allen Lebenslagen ausreichend Fahrtwind zu produzieren imstande ist.

Kolbenhub auf, gibt bei 5500/min 218 PS (160 kW) ab und ist mit vier Zentnern fast ein Leichtgewicht. Der Fünfliter-V8 bringt bei einem Verdichtungsverhältnis von 8,8:1 eine Höchstleistung von 240 PS (177 kW) bei 4750/min ab. Hier verhält es sich umgekehrt wie beim 380er: Bei unverändertem Hub ist die Bohrung um 4,5 Millimeter gewachsen.

Das eigentlich Bemerkenswerte ist jedoch der Wechsel des Gusswerkstoffs: Zylinderblock und Kurbelgehäuse bestehen nun aus einer Aluminiumlegierung mit hohem Siliziumanteil. Nun sind Leichtmetall-Triebwerke in Untertürkheim kein Novum, man denke an den 300 SE (W 112) der Sechziger. Damals gelten bei Aluminium-Zylinderblöcken trockene oder nasse – also direkt vom Kühlwasser umspülte – eingezogene Stahllaufbuchsen traditionell als unumgänglich. Bis im August 1970 in den USA der Chevrolet Vega erscheint. Bei dem modernen 2,3-Liter-Motor dieses (nach US-Diktion) „Kleinwagens" laufen die Kolben direkt auf den Aluminium-Zylinderwänden. Das entspricht einem Patent der später im US-amerikanischen ALCOA-Konzern aufgegangenen Reynolds Metals Development Company.

Wie kann diese geradezu widersinnig anmutende Bauweise funktionieren? Wie gesagt – ohne Silizium geht es nicht: Bei der Reynolds-390-Methode wird in einem speziellen Ätzverfahren eine hauchdünne Schicht von der Zylinderbohrung abgetragen. Die dadurch hervortretenden Siliziumpartikel bilden nun die eigentliche Lauffläche, die sich als genügend hart und widerstandsfähig zeigt. Die gar nicht so grau erscheinende Theorie in die Praxis umzusetzen, erweist sich zunächst als schwieriges Unterfangen. Eine Menge Lehrgeld ist zu

Kat oder nicht Kat: Die zweiflutige Auspuffanlage (ohne) gehört zu einem Achtzylinder, die rechte mit Reinigung und Lambdasonde zu einem Sechser.

Modernisiert: Im 126er kommt der Einspritzer-280er-Sechszylinder mit etwa zehn Prozent weniger Benzin aus.

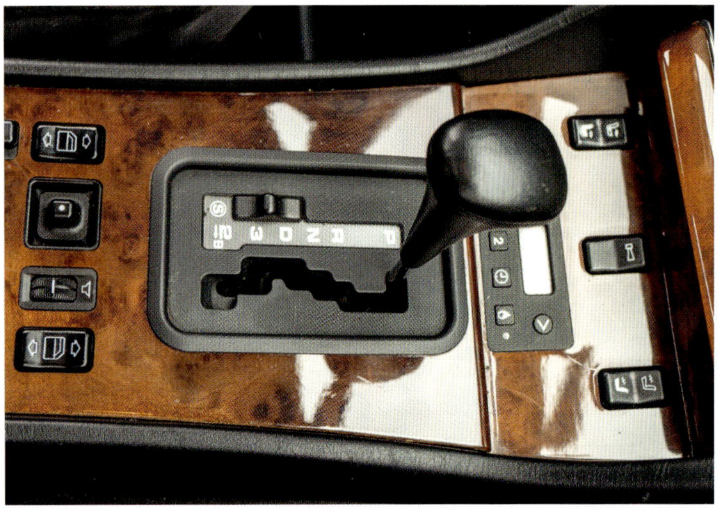

B wie Berg: Mit dem kleinen Schlenker nach unten rechts legt der Achtzylinderfahrer den kleinsten Gang ein – hilfreich an starken Steigungen und interessant etwa für Gespannfahrer, wenn es übel bergab geht.

zahlen, und von der erhofften Haltbarkeit kann zunächst noch keine Rede sein. Der Vega macht negative Schlagzeilen, und Chevrolets ärgster Rivale Ford wirbt bei der Vorstellung seines Konkurrenzmodells Pinto mit der Tatsache, dass der Kleine aus Dearborn einen Grauguss-Vierzylinder besitzt.

Dennoch hat General Motors mit den Vega-subcompact eine Pionierleistung vollbracht, die durchaus nicht in einer Sackgasse endet. Denn bei der Chevrolet Motor Division ist man in der Lage, mit Hilfe der Metallurgen die sogenannte „Gleitpaarung" umzudrehen: Da Leichtmetall auf Leichtmetall sehr mäßige Reibungseigenschaften hat, werden die Kolbenschäfte 0,02 Millimeter stark mit Eisen beschichtet. Darüber kommt noch eine Zinkschicht als Einlaufhilfe und Korrosionsschutz. Jetzt gilt der Vega-Vierzylinder mit der linerless-Konzeption als derart standfest und belastbar, dass weitaus stärkere Versionen erscheinen: Mit britischer Hilfe entsteht der 140 PS starke Cosworth-Vega mit dohc-Zylinderkopf, der in seiner Rennversion sogar 280 PS abgibt. Dass Vega-Autos und -motoren auf unverhohlenes Interesse in der Alten Welt stoßen und zur Dauererprobung auch ins Württembergische gelangen, ist ein offenes Geheimnis.

Bei dem in Stahlformen vollzogenen Niederdruck-Kokillengussverfahren konnte man bei Daimler-Benz auf die bei den C-111-Wankelmotoren gewonnenen Erfahrungen zurückgreifen. Die Blöcke der 126er-Vorserientriebwerke entstehen beim Neckarsulmer Kolbenhersteller Karl Schmidt (KS), dann übernimmt Daimler-Benz den Guss in Eigenregie. Die Prototypen der beiden Alu-V8-Motoren haben vor dem Serienanlauf rund 25.000 Prüfstandstunden absolviert.

Trotz der auf den ersten Blick gewagt erscheinenden und zuweilen mit Skepsis betrachteten metallurgischen Konzeption stellen sich die Mercedes-Leichtmetallmotoren nach einer kurzen, vor allem die Garantieabteilung beschäftigenden Eingewöhnungsphase als standfest und langlebig heraus. Die Unkenrufe lösen sich rasch in Schall und Rauch auf. Unerwarteterweise taucht die einzige Tücke anfangs ganz woanders auf – bei der Haltbarkeit der Leichtmetallkomponenten der von Bosch zugelieferten mechanischen Benzineinspritzung K-Jetronic.

Im Rahmen des Mercedes-Benz-Energiekonzepts werden die vier Motoren hinsichtlich ihrer Wirtschaftlichkeit mehr oder minder gründlich überarbeitet und ab September 1981 in die Serie übernommen. Dem Vergaser-Sechszylinder wurden mit bloßen Abstimmungsarbeiten an der kontaktlos gesteuerten Transistorzündung und an der Gemischaufbereitung die vergleichsweise geringsten Modifikationen zuteil.

Der Sechszylinder-Einspritzer läuft nun mit abgesenkter Leerlaufdrehzahl, vorverlegtem Zündzeitpunkt und im Hinblick auf ein schnelleres Erreichen der Betriebstemperatur veränderter Warmlaufregulierung. Dadurch lässt sich der Verbrauch des 280 SE um rund zehn Prozent verringern.

Weiteres Sparpotenzial hat die beim M110E – analog zum Vierzylinder M102E des 230 E (W 124) – erstmals verwendete elektronische Schubabschaltung: Im Schubbetrieb, beispielsweise bei Bergabfahrt, wird die Kraftstoffzufuhr bei Loslassen des Fahrpedals unterbrochen. Bei erneutem Gasgeben erfolgt eine unmerkliche Freigabe des Treibstoffzuflusses, wobei sich dieser Wechsel – im Gegensatz zu anderen handelsüblichen Systemen – völlig ruckfrei vollzieht.

Den Achtzylindern sind weitaus tiefer greifende Maßnahmen zuteil geworden: Beim Fünfliter wurde die Verdichtung von 8,8 auf 9,2:1 angehoben,

Reimport: Diesel-126er waren alle erst einmal im Exportland unterwegs, in Deutschland wurden sie nicht angeboten.

um in Verbindung mit veränderten Nockenwellen ein optimiertes Verbrauchskennfeld zu erzielen. Darunter ist eine Verbesserung des Verbrauchsverlaufs bei einer Vielzahl von Fahrzuständen zu verstehen. Gleichzeitig verkürzte man die Warmlaufphase durch einen mit Zeitverzögerung einsetzenden Kühlmittelkreislauf, wobei bei kaltem Motor keine Zirkulation mehr stattfindet.

Nachdem man statistisch ermittelt hat, dass die Triebwerke bei reinen Stadtfahrten im Durchschnitt zu 31 Prozent leerlaufen, führt man als weiteres Verbrauchsregulativ eine elektronische Drehzahlabsenkung im Leerlauf ein, die bei betriebswarmer Maschine die Tourenzahl konstant bei 500/min gegenüber vorher 725/min hält. Zusammen mit einer verbesserten Kraftstoffzerstäubung der K-Jetronic hat sich im Leerlauf eine Ersparnis von gut 40 Prozent ergeben. Feinarbeiten im Innenleben – darunter schwächer dimensionierte Pleuellagerzapfen – haben zu einer Senkung der Reibleistung geführt.

Dieses Konvolut an Eingriffen mündet in die – freilich leicht zu verschmerzende – Leistungseinbuße von neun PS (7 kW) bei unveränderter Nenndrehzahl. Weitaus bedeutsamer ist hingegen, dass das maximale Drehmoment von 404 Nm nun bereits bei einer Tourenzahl von 3000/min (vorher 3200/min) bereitsteht.

Das Bündel von verbrauchsoptimierenden Maßnahmen kommt in vollem Umfang auch dem 3,8-Liter-V8 zugute. Darüber hinaus hat dieses Triebwerk mit einer Änderung der Zylinderabmessungen die gründlichere Umgestaltung erfahren, da es nun längerhubig ausgelegt ist: Die Bohrung wurde um vier Millimeter verkleinert, der Kolbenhub dafür um 7,1 Millimeter verlängert.

Dieses überraschende Vorgehen, das immerhin ein aufwändiges Umstellen von Werkzeugmaschinen bedeutete, zeigt, dass man mit der Leistungscharakteristik des 380ers alles andere als glücklich gewesen sein muss. Laufruhe, Verschleißfestigkeit und Wirtschaftlichkeit – obschon besser als der Klassendurchschnitt – konnten nach dem bei Daimler-Benz gewohnten Selbstverständnis noch nicht als Nonplusultra gelten.

Auch der Wärmehaushalt des Leichtmetall-Motors M116 galt noch als verbesserungswürdig. Daher wurden die Brennräume kompakter gestaltet, um die Ableitungsverluste zu vermindern. Die Verdich-

Einer von immerhin 78.725: Den 300 SD treibt ein Fünfzylinder OM 617 mit Lader von Garrett AiResearch an.

An ihren Stoßstangen sollt ihr sie erkennen: Rein äußerlich – es sei denn, es prangte der Turbo-Diesel-Schriftzug am Heck – sind die US-Autos nur an Scheinwerfern und dickeren Stoßfängern auszumachen.

tung erfuhr auch beim „kleinen" V8 eine Erhöhung um 0,4 Punkte. Durch die Hubverlängerung hat der 3,8-Liter an Elastizität gewonnen, ist aber – im Gegensatz zu seinem großen Bruder – noch immer auf höhere Drehzahlbereiche angewiesen, um flott zur Sache zu gehen.

Von größerer Bedeutung für die Praxis ist jedoch die deutliche Verbesserung des Drehmomentverlaufs, die in erster Linie den veränderten Nockenwellen-Steuerzeiten zuzuschreiben ist: Das Höchstdrehmoment ist zwar nur vergleichsweise gering um 16 auf 315 Nm angestiegen, wird nun aber bereits bei einer Drehzahl von 3250/min statt wie bisher bei 4000 Touren erreicht.

Der Preis für diesen Gewinn an Sanftmut besteht in einem spürbaren Leistungsverlust: Der M116 gibt nur noch 204 PS (150 kW) ab und hat an Biss verloren. In der Tat war der Mercedes-Benz 380 SE zweiter Auflage seinem Urahn 280 SE 3.5 (W108) hinsichtlich des Temperaments sogar leicht unterlegen.

Solche Gedankengänge dürfen aber nicht vom Leitmotiv des Mercedes-Benz-Energiekonzepts ablenken – der Reduzierung von Kraftstoffverbrauch und Schadstoffemissionen. Schließlich kann sich das Resultat dieses Unterfangens durchaus sehen lassen: Die überarbeiteten Achtzylindermodelle punkten mit um 19 bis 22 Prozent verbesserter Wirtschaftlichkeit. Gegenüber der Vorgängergeneration ergibt sich unter Einbeziehung der Verringerung von Gewicht und Luftwiderstand gar eine Konsumminderung von mehr als 30 Prozent. Die elektronische Schubabschaltung bleibt den Achtzylindern aber bis zum Herbst 1985 versagt.

Das Energiekonzept des Jahrgangs 1981/82 wirkt sich auch auf die Kraftübertragung der S-Klasse aus. Für die Sechszylinder steht auf Sonderwunsch das neu entwickelte mechanische Fünfganggetriebe aus eigener Fertigung zur Verfügung, dessen oberster Gang Overdrive-Charakteristik besitzt, dadurch die Motordrehzahl um bis zu 20 Prozent senkt und so eine fünfprozentige Kraftstoffeinsparung ermöglicht. An der Abstufung der übrigen vier Gänge hat sich nichts geändert.

Auch der Automatik haben die Entwickler sehr viel Detailarbeit gewidmet: Die vierte Fahrstufe besitzt nun Schongang-Auslegung und bietet somit auch bei den selbsttätig schaltenden Versionen eine

Abgedunkelt: In sonnigen Gegenden namentlich in den USA war die Colorverglasung als zusätzlicher Sonnenschutz sehr beliebt.

Senkung von Motordrehzahl, Kraftstoffverbrauch und Fahrgeräusch.

Neu ist bei den Achtzylindern auch nach „D", „3" und „2" eine vierte Vorwärtsstufe: die „B"-Stellung. Damit wird die kleinste Fahrstufe eingelegt und unabhängig von der Gaspedalstellung bis zu etwa 55 km/h gehalten, was bei steilen Bergabfahrten vor allem mit Anhänger im Ausnahmefall die volle Bremswirkung des Motors nutzbar macht.

Allerdings ist diese „B"-Position – unterschiedlichen Zulassungsbestimmungen zufolge – nicht für alle Exportländer erhältlich. Die Achsantriebe wurden bei den V8-Versionen an die veränderten Triebwerks-Charaktere angepasst und wiederum länger übersetzt: beim 380 SE/SEL i=2,47 und beim 500 SE/SEL 2,24.

Das Energiekonzept wird von Daimler-Benz als kontinuierliche Trendbewegung interpretiert, als „bedeutender Beitrag zur Lösung des Energieproblems und zur Sicherung der Zukunft des Personenwagens". Gewiss besitzt dieses Einsparprogramm letztlich auch eine Alibifunktion, um die Akzeptanz der großen Wagen in den kritischen Augen des mehr und mehr umweltbewussten Durchschnittsbürgers sicherzustellen.

Natürlich geht es auch um das Firmenimage: Mit schlechtem Beispiel voranzugehen, kann man sich nun einmal umso weniger leisten, je prominenter man ist. Auch Reformpläne der Bundesregierung spielen da sicher keine untergeordnete Rolle – beispielsweise die immer wieder diskutierten und schließlich doch verworfenen Überlegungen, die Hubraumsteuer durch eine stark angehobene Mineralölsteuer – eine Verbrauchsabgabe also – zu ersetzen.

Im Herbst 1983 wird eine Variante des 380 SE mit Dreiwege-Abgas-Katalysator und Sauerstoffsonden-Regelung vorgestellt. Zusammen mit einer gleichermaßen ausgerüsteten Ausführung des 230 E (W123) ist der „saubere" 380er ab Januar 1984 offiziell lieferbar. Im Gegensatz zu den KAT-Modellen von 1985/86 handelt es sich dabei jedoch um ein Katalysatorauto erster Generation. Darunter ist eine vergleichsweise gering veränderte Ableitung des US- respektive Japan-Exportmodells zu verstehen.

Mit 68.440 Mark ist dieser Vorbote der Katalysatortechnik 3300 Mark teurer als ein ansonsten identisch ausgestattetes Vergleichsfahrzeug. Gemäß seiner ursprünglichen Exportbestimmung ist dieser frühe Kat-380 SE mit einem niederverdichteten, für bleifreies Normalbenzin (ROZ 91) ausgelegten entsprechend schlappen 157-PS-Motor bestückt.

Preis, Temperamentlosigkeit und das zu seiner Zeit noch sehr weitmaschige Netz von Bleifrei-Tankstellen in der Bundesrepublik und in den Nachbarländern bringen die große Umweltlimousine arg ins Hintertreffen und messen ihr allenfalls theoretische Bedeutsamkeit zu. Außer in den Fuhrparks einiger weniger Länderregierungen und sonstiger Institutionen mit Vorbildfunktion ist den Mercedes-Katalysatorautos erster Generation keine nennenswerte Verbreitung beschieden. Aber ein Anfang ökologisch fundierter Willenserklärung ist gemacht – und in der zweiten Auflage der Hundertsechsundzwanziger wird das noch ganz anders werden …

Kaum weniger phlegmatisch bewegt sich eine weitere Rarität aus der 126er-Sippe – die „beschussgesicherte Sonderausführung" des 380 SEL, wie diese gepanzerte S-Klasse werksintern bezeichnet wird. Für diese rollenden Festungen wird in Sindelfingen ein gesonderter, auf eine Jahresfertigung von 150 Wagen ausgelegter Produktionsbereich eingerichtet. Näheres dazu lesen Sie ab Seite 174.

Immerhin entstehen von beiden V-126-Auflagen 1465 Sonderschutz-Exemplare. Anlass für die Umrüstung zur Panzerversion waren die in den Siebzigern jäh zunehmenden weltweiten terroristischen Aktivitäten. Äußerlich sind die in der Tonnageklasse von leichten Lastkraftwagen angesiedelten Schwergewichte – leer wiegen sie 2440 Kilogramm – nur an den durch das 40-Millimeter-Panzerglas bedingt wesentlich breiteren Fenstereinfassungen auszumachen.

Dass solche Autos, bei denen eine Tür bereits mehr als zwei Zentner wiegt, keine Boliden sein können, liegt auf der Hand: Der gepanzerte 380 SEL benötigt fast 13 Sekunden, um sich aus dem Stillstand auf 100 km/h zu bewegen. Da die Tragfähigkeit der Pneus trotz voluminöser Bereifung (215/70 VR 14) gegenüber dem Serienmodell stark begrenzt war, muss die Höchstgeschwindigkeit auf 180 km/h limitiert werden. Aus dem gleichen Grund beschränkt man die Zuladung auf relativ magere 350 Kilogramm – beim Serien-380 SEL sind es 520 Kilogramm.

Eine weitere, in der Alten Welt allerdings weitgehend unbekannte Version der Baureihe 126 tritt mit dem 300 SD in Erscheinung, dem Luxusdiesel für den nordamerikanischen Markt, der seit 1978 bereits bei den Vorgängern – der Baureihe W 116 – im Angebot war. Die Neuauflage geht erst im Oktober 1980 in Serie und weist wiederum das bewährte Konzept der Kombination aus Oberklasse-Karosserie und dem mit einem Lader des kalifornischen Herstellers Garrett AiResearch zwangsbeatmeten Fünfzylinder-Turbodiesel OM 617 auf.

SD: Das steht in den USA nicht für Schiebedach, sondern für S-Klasse mit Selbstzünder. Der hier hat drei Liter Hubraum.

Diese Synthese kommt dem von der US-Regierung reglementierten Flottenverbrauch CAFE (corporate average fuel economy) entgegen, die den Durchschnittsverbrauch aller in den Vereinigten Staaten angebotenen Modelle eines Herstellers unter Androhung einer Strafsteuer (gas guzzler tax) begrenzt. 1984 sind das beispielsweise 27,5 miles per US-gallon, entsprechend 9,1 l/100 km! Dass dieser strengen Forderung – sollte sie nicht vorrangig mit Kleinwagen erfüllt werden – bei allem Luxus nur mit sparsamer Motorisierung zu begegnen ist, liegt auf der Hand.

Inzwischen ist das Triebwerk durch Erhöhung des Ladedrucks in der Leistung gesteigert worden und gibt nun 125 PS ab, in der Kalifornien-Ausführung sind es wegen des dort obligatorischen Rußfilters nur 118 PS. Der Null-auf-Hundert-Sprint wird in 14,5 Sekunden bewerkstelligt, die Höchstgeschwindigkeit liegt bei 170 km/h – allemal genug für das damals strikt auf eine Geschwindigkeit von 55 mph (88 km/h) limitierte US-Straßennetz.

Der Erfolg ist nicht von der Hand zu weisen: 1982 werden 80 Prozent aller in den Vereinigten Staaten abgesetzten Mercedes-Personenwagen von Dieselmotoren angetrieben. Als im August 1985 die zweite Generation der Baureihe 126 auf den Markt kommt, ist vom 300 SD die ansehnliche Stückzahl von 78.725 Exemplaren entstanden.

Modellpflege

Die zweite Generation der 126-Limousinen 1985 bis 1992

Im Herbst 1985 gibt es eine gründlich renovierte Motorenpalette, und die Baureihe 126 erlebt eine ganze Reihe von Modellpflege-Maßnahmen an der Karosserie. Bei Daimler-Benz ist das normalerweise ein Hinweis auf den bevorstehenden Modellwechsel, der turnusmäßig nach acht oder neun Jahren anstehen sollte. Doch da trügt der Schein: Im Winter 1985/86 wird der für 1987 anvisierte Ersatz der 126er auf 1990 verschoben.

Das Facelifting des Jahres 1985 bezieht sich in erster Linie auf die neu gestalteten Stoßfänger, die nun stufenlos in Bug- und Heckschürze übergehen. Diese Spoiler reichen tiefer und sind steiler abwärtsgerichtet. Der Abtrieb an der Vorderachse lässt sich so um weitere 30 Prozent vergrößern. Ein geänderter Unterbau mit neuen Biegeträgern und eine optimierte Zusammensetzung des Polyurethanschaums verbessern die Widerstandsfähigkeit der Stoßfänger bei Kleinkollisionen.

Auch der Flankenschutz ist zusammen mit der Schwellerverkleidung optisch und aerodynamisch wirkungsvoll modifiziert. Er ist auf gefällige Wei-

Für den Kennerblick: Die Heckscheibe erhält einen neuen Chromrahmen. Deutlicher sichtbar sind die glatteren Seitenplanken und Schürzen und natürlich die neuen 15-Loch-Leichtmetallräder.

se glattflächig gestaltet und nunmehr – wie auch die Stoßfänger – in den vier neuen Metalliclackierungen chinchilla, stratusgrau, muschelgrau und fregattblau lieferbar. Diese Farbtöne gibt es wie bisher in fester Zuordnung zu einzelnen Wagenfarben, was zum Teil geschmackvollere Farbkombinationen erlaubt. In den Jahren 1988, 1990 und schließlich 1991 wird das Farbangebot der Anbauteile dann stufenweise auf insgesamt 17 Kolorierungen erweitert.

Die Heckscheibe hat einen neugeformten Chromzierrahmen mit schlankerem Profil. Zudem erlauben tiefer in die Dichtgummis eingebettete Zierstäbe an den Seitenfenstern eine nahezu außenhautbündige Verglasung, um damit ein weiteres Quäntchen Windschlüpfigkeit zu gewinnen. Überhaupt ließ sich der Luftwiderstand durch emsige Detailarbeit um drei Prozent verringern – und das trotz der in aerodynamischer Hinsicht ungünstigen Vergrößerung des Raddurchmessers von 14 auf 15 Zoll.

Auch die Innenausstattung der 126er erfährt im September 1985 eine umfassende Überarbeitung. Die Rücksitzbank – im Untertürkheimer Jargon

Oben: Kleine Ursache, große Wirkung – die neu gestalteten Stoßfänger vergrößern den Abtrieb an der Vorderachse um satte 30 Prozent.

Unten: Das Airbag-Lenkrad – es gehört zum SRS-System, das ab 1981 mit dem zunächst Gurtstrammer genannten Rückhaltesystem kombiniert ist.

Kein Einzelfall: Gar nicht so wenige Kunden, die noch ein Serie-1-Auto bestellt hatten, wollten dann lieber die Optik der 2. Serie. Dieser 380 SE wurde damals für rund 8000 Mark umgerüstet, das H-Kennzeichen hat er übrigens kürzlich bekommen.

stets als „Fondsitzanlage“ bezeichnet und bisher als zu weich kritisiert – hat analog zur brandneuen Mittelklasse-Baureihe W124 Keileinlagen in den äußeren Sitzkissen und eine verbesserte Platzierung der Außengurtschlösser in Mulden der klappbaren Mittelarmlehne erhalten.

Als fünfte Innenausstattungs-Variante wird nun bei der Serie 2 der 126er die Amaretta-Polsterung angeboten – allerdings bis September 1988 nur für die längeren SEL-Modelle und nur in Verbindung mit der ebenfalls neuen Option der elektrisch verstellbaren Coupé-Sitzanlage (Code 224), also zwei Einzelsitzen im Wagenfond. Nach und nach ist diese Ausstattung generell für alle S-Klässler bis Februar 1990 lieferbar. Unter Amaretta versteht man eine Art atmungsaktives synthetisches Leder, das ähnlich dem italienischen Alcantara aus einem mit Polyurethanharz getränkten Polyamid-Mikrofaser-Vliesstoff hergestellt wird.

Ab 1981 können alle 126er auf den vorderen Plätzen gegen einen Aufpreis von anfangs 1700 Mark – 1986 dann fast 2500 Mark – mit dem automatischen Rückhaltesystem „Airbag und Gurtstrammer“ ausgerüstet werden. Der Airbag ist Teil des „SRS“ (supplemental restraint system) – ein zusammengefalteter neoprenbeschichteter Nylonballon. Zusammen mit dem Gasgenerator, einer Vorrichtung, die beim Auslösen einen Festtreibstoff zündet und in 60 Liter Druckgas verwandelt, ist er in der Polsterplatte des Lenkrads untergebracht.

Er wird nur bei schweren Kollisionen, also bei einem Frontalaufprall mit einer Geschwindigkeit von mehr als 20 km/h auf ein unnachgiebiges Hindernis, aktiviert. Die Reaktion – Gasentwicklung und Aufblasen – wird von einem unter dem Armaturenbrett untergebrachten Sensor in Gang gesetzt und läuft in 25 bis 30 Millisekunden ab. Unter dem Körpergewicht des vergleichsweise sanft aufgefangenen Fahrers strömt das Gas wieder durch Ventile ab.

Der beifahrerseitige Gurtstrammer wird beim Überschreiten vorgegebener Grenzwerte auf ähnliche Art gesteuert: Eine Druckkapsel betätigt die

Aufrolleinheit, die den Gurt straffzieht – ein Vorgang, der in zwölf tausendstel Sekunden abläuft! Ab Herbst 1985 sind die Vordersitze serienmäßig mit diesem System, das nunmehr „Gurtstraffer" heißt, ausgerüstet.

Die bisher aus PVC gefertigten Haltegriffe am Dachrahmen sind umschäumten Schienen gewichen. Das Kombiinstrument ist um eine Reihe von Kontrollleuchten für Glühlampenausfall und Flüssigkeitsstände von Motoröl, Kühlmittel und Scheibenwaschwasser ergänzt worden.

Gänzlich neu ist die so genannte „Dachbedieneinheit" über der Windschutzscheibe, die jedoch weder einen Bordcomputer noch eine Serviceintervall-Anzeige nach Münchener Muster umfasst. Bei Daimler-Benz ist man eben (gerade noch …) seiner Devise der kritischen Distanz zur „Renommierelektronik" treu geblieben. Daher enthält dieses Bauteil lediglich so profane Dinge wie die Innenleuchte mit Verzögerungsschalter und das integrierte Leselicht für den Beifahrer, eine blinkende Aufforderung zum Gurtanlegen, den Sensor für die Innenraum-Klimatisierung und den Schalter für das als Sonderausstattung lieferbare Schiebe-Hubdach.

Dachschalter geben Cockpit-Flair: Von links sehen wir den Knopf fürs elektrische Schiebedach, die vordere Innenleuchte mit Dimmer sowie die Leselampe samt Schalter, davor die blinkende Anschnallmahnung, die allerdings höchstens aufmerksam nach vorn blickende Fondpassagiere wirklich wahrnehmen, und die sehr nützliche dritte Sonnenblende.

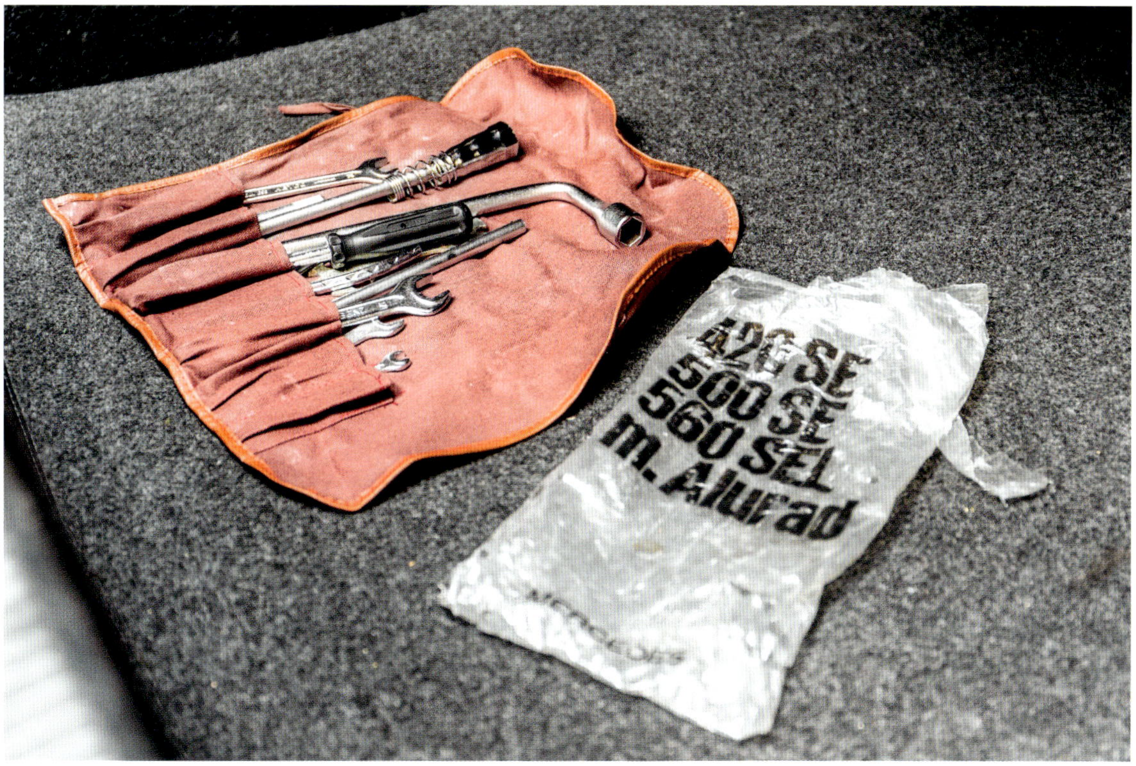

Für Sammler ein Muss: das Original-Werkzeugset der Achtzylinder

Alles auf Rauchsilber: Der 420 SEL, eigens fürs Buch vor die Spielbank Bad Neuenahr gestellt, ist bestimmt nicht der erste 126er, der hier vorfuhr.

BANK

Die Motorenpalette der zweiten 126-Generation ab 1985

Im September 1985 wird die Motorenpalette der S-Klasse im Rahmen der großen Modellpflege („Mopf") erneut umstrukturiert – dieses Mal gründlicher und tiefergreifend. Die beiden dohc-Sechszylinder sind durch weniger italienisch anmutende, völlig neu entwickelte sohc-Triebwerke ersetzt worden. Der 3,8-Liter-V8 ist zum 4,2-Liter aufgestockt worden, während nun ein 5,6-Liter-V8 als Spitzentriebwerk figuriert. Lediglich die Fünfliter-Maschine blieb – mit Ausnahme von Modifikationen des Ansaugtraktes – unangetastet im Programm.

Von allen Modellen werden grundsätzlich zwei Ausbaustufen angeboten, und zwar mehr oder weniger leistungsdifferenziert: KAT als schadstoffarme Version mit lambdageregeltem Drei-Wege-Katalysator – von Daimler-Benz als „Sonderausstattung Abgasreinigungsanlage" bezeichnet – und RÜF für Rückrüstfahrzeuge, die voll für den späteren Einbau eines gesteuerten Katalysators vorbereitet sind. Lediglich vom 5,6-Liter existiert – gewissermaßen als ökologische Ausnahme und auch deutlich als solche gekennzeichnet – noch eine dritte, betont leistungsstarke ECE-Version. Dabei handelte es sich um eine Ausführung, die die bisherigen Abgasgrenzwerte der Europäischen Wirtschaftskommission erfüllt – also die zur Zeit der Vorstellung des Fahrzeugs noch gültigen Emissionsnormen.

Motoren ab 1985: Die Auswahl umfasst von links den 300er, einen 420er sowie ein 500er- und ein 560er-Coupé.

Der 4,2-Liter-Motor löst nach der Modellpflege den 3,8 ab.

Alle elf lieferbaren Motorenbauarten haben eine Vielzahl aktueller Ausrüstungsdetails gemeinsam. Die Überwachung des Ölstands und die temperatur- und drehzahlgesteuerte Viskose-Lüfterkupplung sind zeitgemäße Elemente und stellen keine absoluten Neuheiten der Automobiltechnik dar, hingegen sind die Motoren bezüglich der Gemischaufbereitung und der Zündung rundum an die Erfordernisse der ausgehenden Achtziger angepasst worden.

Alle Maschinen sind nun mit der elektronisch-mechanisch gesteuerten Bosch-Einspritzung KE III ausgerüstet, die aus der KA-Jetronic entwickelt wurde. Ein Mikroprozessor regelt bei der KE-Jetronic nach der Datenermittlung durch Sensoren verzögerungsfrei Warmlauf- und Beschleunigungsanreicherung, die Anpassung des Kraftstoff-Luft-Mischungsverhältnisses an den jeweiligen Betriebspunkt des Motorkennfeldes und die Kraftstoffabschaltung im Schubbetrieb.

Die Elektronik ist in der Lage, weitere Signale auszugeben – etwa an den als Sonderausrüstung lieferbaren Reiserechner. Bei Fahrzeugen mit Abgas-Katalysator kommt als weitere Mess- und Steuerfunktion die Lambda-Sonde hinzu. Die Kombination aus der mechanischen Präzision der KE-Jetronic und der fast unbegrenzten Vielfalt von Regelmöglichkeiten durch die Mikroelektronik scheint geglückt.

Die um die Mitte der Achtziger noch weit verbreitete Scheu vor Computern ist in der S-Klasse unbegründet – bei einem Ausfall des elektronischen Steuerteils werden die Notlaufeigenschaften der KE-Jetronic in Anspruch genommen. Mit Hilfe der mechanisch-hydraulisch arbeitenden Grundfunktionen, die bei betriebswarmem Motor ausreichen, geht's unter Verzicht auf Temperament und mit Abstrichen an der Laufkultur weiter.

Auch bei der Zündung des neuen Motorenprogramms ist die Elektronik der Zeit entsprechend vertreten, wenn auch vergleichsweise zurückhaltend. Die neue elektronische Zündanlage (EZL) ist durch einen im Schaltgerät integrierten Mikroprozessor gekennzeichnet, der den Zündzeitpunkt in Abhängigkeit von den Betriebsbedingungen der Motoren steuert. Dabei werden die Parameter Drehzahl und Kurbelwellenstellung (induktive Ermittlung über vier Segmente an der Schwung-

scheibe), Motorlast (Erfassung über einen Druckgeber im Saugrohr) und Motortemperatur (Abnahme durch einen Temperaturfühler im Kühlmittelkreislauf) wahrgenommen. Aus diesen Werten und den eingespeicherten Daten des Zündkennfeldes errechnet der Computer den jeweils günstigsten Zündzeitpunkt, der einen schadstoffarmen Verbrennungsablauf bei größtmöglichem Wirkungsgrad erlaubt.

KE-Jetronic und EZL werden durch das multifunktionale Zünd- und Gemisch-Aufbereitungssystem (MF-System) ergänzt. Diese Vorrichtung ermöglicht eine Anpassung der Zündung an die Oktanzahl des Kraftstoffs – eine Reminiszenz an den „Oktanzahlkompensator" der Mercedes-Benzinmodelle der frühen Nachkriegszeit, der in jenen Jahren aber noch eine hausbackene mechanische Zündverstellung bewirkte. Das MF-System erlaubt in Ausnahmefällen auch den Betrieb mit bleifreiem Normalbenzin.

Dies geschieht durch Umstecken eines runden Abgleichsteckers im Motorraum, der dann das der jeweiligen Kraftstoffqualität zugeordnete Zündkennfeld abruft. Dabei bringt natürlich die Ver-

Sechsender: Der gute alte 280 SE hat ausgedient, jetzt kommt der 300er, ein geschmeidig laufender Reihensechszylinder mit nur noch einer Nockenwelle.

Vollgepackt: Die V8-Motoren haben es angesichts immer zahlreicherer Zusatzaggregate allmählich eng im Motorraum. Auf dem 420er thront schimmernd das Luftfiltergehäuse.

wendung von Normalbenzin bei den RÜF- und KAT-Versionen Leistungseinbußen und einen etwas erhöhten Kraftstoffverbrauch mit sich. Immerhin existiert hier aber eine beruhigende Alternative bei der um die Mitte der Achtzigerjahre nicht in allen Regionen flächendeckenden Versorgung mit bleifreiem Super.

Allein die hochverdichtete 5,6-Liter-ECE-Version wird ohne MF-System geliefert, da hier die Verwendung von hochoktanigem Superkraftstoff obligatorisch bleibt. Diese Wagen können auch nicht zu einem späteren Zeitpunkt mit einem geregelten Katalysator nachgerüstet werden – dagegen ist die Montage einer ungeregelten Anlage mit einer rund 50-prozentigen Schadstoffreduzierung möglich. Im vom Verfasser beobachteten Verkaufszeitraum Herbst und Winter 1985/86 zeigt sich der Bestellanteil von Mercedes-KAT-Versionen innerhalb des Bundesgebiets je nach Verkaufsregion sehr unterschiedlich und schwankt zwischen Null und 30 Prozent.

Diese aus heutiger Sicht unverständlich anmutende Tatsache beruht aber wohl in erster Linie auf dem attraktiven Angebot der RÜF-Modelle, die

ohne große Umstände zu vollwertigen Katalysatorautos umgerüstet werden können, sobald die Stammtankstelle unverbleites Super führt. Damit werden sämtliche Forderungen erfüllt, die an ein schadstoffarmes Fahrzeug gestellt werden und berechtigen zu einer maximal vier Jahre und zehn Monate dauernden Befreiung von der Kraftfahrzeugsteuer.

Alles 2. Serie: Zum Fototermin fuhren zwei Coupés und vier Limousinen auf.

Der Kunde hat dabei die Gewissheit, dass Katalysator und Sauerstoffsonde zum selbstgewählten Zeitpunkt des Einbaus dem aktuellen Stand der Technik entsprechen. Alle übrigen Komponenten sind bei der Rückrüstlösung ohnehin bereits für die Abgasreinigung ausgelegt. Die Mercedes-KAT-Versionen stellen durchaus keine für den Heimatmarkt modifizierten USA- oder Japan-Ausführungen dar, wie dies manch anderer Hersteller tut, um das Katalysatorauto gleich nach dem Festliegen gesetzlich verankerter Emissionsgrenzwerte rasch und publikumswirksam anzubieten. Bei den KAT-Mercedes handelt es sich um Katalysatorfahrzeuge der „zweiten Generation", die auf der europaspezifischen, verbrauchsoptimierten Technik hochverdichteter Motoren basieren.

In ihrem strukturellen Aufbau sind die S-Klasse-Triebwerke der Neuauflage eher konventionell geraten. Die beiden Sechszylinder mit 2,6 und drei Litern Hubraum des Baumusters M103 entsprechen den Einspritzmotoren der Modelle 260 E und 300 E der neuen Mittelklasse-Baureihe 124 und führen bei den 126ern logischerweise die Typenbezeichnungen 260 SE und 300 SE, wobei die letztere Ziffern-Buchstaben-Folge Erinnerungen an eine sportlich aktive Limousine der Sechzigerjahre weckt. Der 260 SE ersetzt den stets ungeliebten 280 S mit Vergasermotor, der 300 SE nimmt die Stelle des 280 SE ein.

Bei den Achtzylindermotoren ist bezüglich der Gesamtkonzeption wenig Revolutionäres eingetreten. Der Fünfliter hat die geringsten Änderungen über sich ergehen lassen müssen: Kräftiger dimensionierte Saugrohre und größere Einlassventile ließen die Leistung in der RÜF-Version bei unveränderter Nenndrehzahl von 4750/min auf 245 PS (180 kW) ansteigen. Die von 9,2 geringfügig auf 9,0 abgesenkte Verdichtung stellt gleichzeitig die Verträglichkeit des unverbleiten Euro-Super mit der Oktanzahl 95 sicher. Mit KAT-Ausrüstung stehen noch immer 233 PS (164 kW) bei 4700/min zur Verfügung.

Der 4,2-Liter-V8 stellt eine interessante Kombination aus dem 380er-Leichtmetallblock erster Ausführung (1979/80) mit einer Bohrung von 92 Millimetern und der Kurbelwelle der zweiten 3,8-Liter-Generation dar. Das unverändert als M116

bezeichnete Triebwerk besitzt modifizierte Brennräume, die gleichen ansaugseitigen Änderungen wie der Fünfliter und zusätzlich größere Auslassventile. Diese Kur hat dem 4,2-Liter ausgesprochen gutgetan, denn die bekannte Durchzugsschwäche des Vorgängers im unteren Drehzahlbereich ist einem kräftigen Antritt gewichen.

Der Grund dafür ist im bereits bei einer Tourenzahl von 2000/min brauchbaren Drehmoment zu sehen, für das selbst der in dieser Disziplin bereits verbesserte direkte Vorgänger noch 3250/min benötigte. Die Verdichtung ist auch hier auf 9,0 abgesenkt worden. Die Basisversion gab 224 PS (164 kW) ab – so viel wie einst der erste 3,8-Liter. Mit Katalysator verminderte sich die Leistung um 14 Pferdestärken, also auf 204 PS (150 kW).

Das Spitzentriebwerk mit 5,6 Litern Hubraum ist zunächst – außer im SEC-Coupé – ausschließlich für den 560 SEL mit verlängertem Radstand vorgesehen und basiert auf dem Fünfliter. Die Hubraumvergrößerung ist durch den Einbau einer Kurbelwelle mit einer Hubverlängerung um knapp einen Zentimeter gelungen. Ansaug- und Auspufftrakt entsprechen denen des Fünfliter-Motors. Für die Grundversion der 5,6-Liter-Maschine wird eine Nennleistung von 272 PS (200 kW) angegeben, die bei KAT-Ausrüstung auf 242 PS (178 kW) zurückgeht – ein Abschlag, der sich allerdings in der Praxis wenig spürbar auswirkt.

Als die 126er im Herbst 1985 aktualisiert werden, sind die Elemente der Kraftübertragung Gegenstand einer abermaligen Überarbeitung. Bei 260 SE und 300 SE/SEL zählt das Fünfganggetriebe nun zur Basisausstattung. Die Automatikgetriebe vermitteln eine veränderte Schaltphilosophie und bieten dem Fahrer jetzt die Möglichkeit, zwischen zwei Schaltprogrammen zu wählen. Mit einem zusätzlichen Schubschalter links vom Wählhebel kann man sich für die Positionen S (als Standard zu interpretieren) oder E (für Economy) entscheiden.

Während das „Sportprogramm" die optimale Nutzung der Reserven des Motors und bei Vollgas auch ohne Kickdown ein Zurückschalten in die nächstniedrigere Fahrstufe erlaubt, schaltet das Getriebe in E-Stellung früh hoch, kommt in jeder Hinsicht kommoden Neigungen entgegen und

Die 300-SE-Limousine (rechts) ist fahrwerkstechnisch gut ausgestattet mit ABS, ASR und Niveauregulierung an der Hinterachse.

gibt den ersten Gang zum Anfahren nur bei Kickdown frei. Die Antriebsübersetzungen sind unverändert geblieben. Der 560 SEL besitzt allerdings, seinem leistungsbetonten Naturell entsprechend, eine mit i=2,65 kürzer übersetzte Hinterachse als der 420 und der 500 SE/SEL.

Die Bauphase zwei der 126er bietet Verfeinerung und Erweiterung der Fahrstabilitätssysteme. Das der Fahrsicherheit ungemein förderliche ABS zählt nun für alle Modelle zur Serienausrüstung. Von September 1986 an wird für die V8-Typen die gerne als „umgekehrtes ABS" bezeichnete, elektronisch gesteuerte Antriebs-Schlupf-Regelung ASR als Sonderausstattung (Code 47/1) angeboten, die das Durchdrehen der Antriebsräder begrenzt und der Wintertauglichkeit recht förderlich ist. Für die Sechszylinder-Modelle steht von Juni 1985 an das Automatische Sperrdifferenzial (ASD) mit dem Code 211 als Extra zur Verfügung. Mit der Option „Ausgleichsgetriebe mit begrenztem Schlupf" – Code 256 – lassen sich nur die Achtzylinder ausrüsten.

Die bei den 126ern von Anfang an erhältliche Niveauregulierung an der Hinterachse (Code 480), die unabhängig vom Beladungszustand konstante Federwege gewährleistet, zählt nun bei den 5,6-Liter-Spitzenmodellen SE, SEL und SEC zur Basisausstattung. Weitaus komplexer angelegt ist das nach Patenten des Franzosen Paul Magès und der Firma Citroën entwickelte Hydropneumatische Fahrwerk mit automatischem Niveauausgleich, das als kostspielige Sonderausstattung (Code 487) ausschließlich den SEL-Varianten mit V8-Triebwerk bis Ende 1985 zur Verfügung steht. Im Anschluss daran wird die weiterentwickelte Option 215 mit dem Titel „Hydropneumatische Federung mit automatischem Niveauausgleich und gesteuerter Dämpfung" offeriert, die mehr als 7000 Mark kostet.

In Europa setzt in den Achtzigern – wie weiland in den Sechzigern in den USA – ein PS-Rennen ein, das gar nicht in die Zeit zu passen scheint und auch vor den Untertürkheimer Erzeugnissen nicht haltmacht. So stellt man eine leistungsgesteigerte Variante des Mercedes-Top-Triebwerks bereit, um zu erwartende Wünsche nach noch mehr Potenzial erfüllen zu können. Dies geschieht wohl nicht ohne Seitenblick auf konkurrierende Schöpfungen der durchaus ernst zu nehmenden Mercedes-Tuner wie AMG – damals lange vor dem Kooperationsvertrag mit Daimler-Benz noch unabhängig – mit dem Fünfliter-Vierventil-V8 oder König Specials in München mit den Turboversionen.

Der gedopte 5,6-Liter knüpft an die Tradition der ebenfalls mit einem Sonderstatus behafteten 6,3- und 6,9-Liter-Flaggschiffe der S-Klasse (W109 und W116) an. Auf diplomatische Weise ordnet Daimler-Benz dem ECE-560er eine Ausnahmeposition jenseits der Hauptserie zu, denn die Leistungssteigerung rangiert unter der Codenummer 822 der Sonderausstattungsliste. Auf die etwas leistungszehrende Vorbereitung zur KAT-Nachrüstung wird verzichtet und die Verdichtung auf 10,0 angehoben. Dadurch werden immerhin 300 PS (220 kW) frei – die höchste bis

Spartaste: Der Schieber links von der Kulisse kann auch „E“ wie Economy, spart bei kleinerer Motorisierung aber nicht wirklich Sprit und macht den Wagen müde. Dieser 420er könnte bequem auch in E fahren.

Noch ein Preisbeispiel: Der Basis-420er kostete bei seiner Einführung 70.623, im letzten Baujahr 1991 bereits 86.868 Mark.

Dauerbrenner: Mehr als 75.000 Langversionen des 560ers baut Mercedes – den kurzen großen Achtzylinder wird es nur 1252 Mal geben.

dahin bei einem Mercedes-Serienpersonenwagen erreichte Motorleistung. Dieser ECE-560er entfällt ab September 1987, weil nun auch die RÜF-Version dank optimierter Abgasreinigungsanlage und wegen der dadurch reduzierten Leistungsverluste 300 PS abgibt – und vielleicht in manchen Fällen für ein besseres Gewissen beim Eigner sorgt …

Im Oktober 1988 stellt Daimler-Benz auf dem Pariser Salon den 560 SE mit Normalradstand vor. Der „kurze" 560er bringt es letztlich nur auf ein Produktionsergebnis von 1252 Autos – kein Vergleich zu den Langen: Das Spitzenmodell 560 SEL erweist sich als erfolgreich und langlebig und erreicht bis Frühjahr 1992 eine Stückzahl von 75.071 Limousinen. Da ist die Baureihe 126 offiziell eigentlich längst totgesagt. Der massige 140er hat im April 1991 die Regentschaft in der Luxusklasse übernommen, der 560 SEL steht ihm aber immerhin noch mit 3339 Exemplaren zur Seite. Selbst als die Fertigung des 560 SEL definitiv beendet ist, entsteht – um einigen Sonderwünschen nachzukommen – noch eine homöopathische Dosis von 32 langen 560ern.

Und wie geht die Erfolgsstory auf dem nordamerikanischen Hauptausfuhrmarkt weiter? Dort wird im Herbst 1985 der US-Exportschlager 300 SD vom 300 SDL abgelöst, für den ein neuer Motor zur Verfügung steht. Die Diesel-Limousinen sind nun ausschließlich mit dem längeren Radstand im Nordamerika-Angebot und haben den neu entwickelten Sechszylinder-Dieselmotor OM 603 mit wiederum drei Litern Hubvolumen erhalten.

Mit erhöhtem Ladedruck zwangsbeatmet und mit angehobener Verdichtung gibt diese Maschine 150 PS (für Kalifornien und einige weitere Westküstenstaaten 145 PS) ab. Diese Triebwerksvariante bedeutet eine Vorwegnahme des Triebwerks für den auf dem Heimatmarkt für Frühjahr 1986 avisierten 300 TD Turbodiesel – abermals dient der US-Markt als Prüffeld der Alltagserprobung. Auch mit dem erstarkten Sechszylinder-Selbstzünder kann das schwere Auto keine Rakete sein: 13 Sekunden vergehen, bis aus dem Stand 100 km/h erreicht sind. Dagegen kann der 300 SDL mit der ebenso ansehnlichen wie (jenseits des Atlantiks) praxisfremden Höchstgeschwindigkeit von 193 km/h aufwarten.

Diese von Mercedes-Benz of North America nicht offiziell publizierten Leistungsangaben sind es wohl auch kaum, die den Verkaufserfolg des 300 SD/SDL begründen – wirtschaftliche Überlegungen stehen zweifellos im Vordergrund. Immerhin stellen die für US-Verhältnisse artfremd motorisierten S-Klasse-Limousinen zeitweise ein rundes Viertel der nach Nordamerika ausgeführten Mercedes-Benz-Personenwagen. Im September 1987 muss der 300 SDL wegen erneuter Herabsetzung der Partikel-Grenzwerte durch die US-Behörde EPA nach 13.830 gefertigten Einheiten aus der Angebotspalette genommen werden – aber Daimler-Benz arbeitet mit Hochdruck an einer Lösung.

Im Juni 1989 wird dann die Amerika-Tradition der großen Diesel fortgesetzt – allerdings unter anderen Vorzeichen: Der 350 SDL wird – wie die Typenbezeichnung vermuten lässt – von dem 3,5 Liter großen Sechszylinder-Diesel OM 603A angetrieben. Er wurde durch Aufbohren und Hubverlängerung aus dem Dreiliter-Vorgänger entwickelt, wobei mehr Wert auf Drehmoment als auf pure Leistung gelegt wurde.

In der Tat ist das Drehmoment um 15 Prozent gewachsen, die Motorleistung reduziert sich hingegen durch die Abgasrückführung und den Oxidations-Katalysator um 14 auf nur noch 136 PS. Ab Juni 1990 ist die US-Diesel-S-Klasse auch mit normalem Radstand lieferbar und heißt dann 350 SD. Als gebrauchte Rückläufer tauchen neuerdings gar nicht wenige 300 SD(L) und 350 SD(L) beider 126er-Generationen in einem Erdteil auf, für den sie niemals vorgesehen waren – in Europa.

In den Vereinigten Staaten als wichtigstem Exportmarkt wird stets auch – trotz Flottenverbrauchs-Regelung – mindestens ein Achtzylindermodell des 126 angeboten. Ein Blick zurück: Von Herbst 1980 bis Sommer 1983 findet sich der 380 SEL im Verkaufsprogramm von Mercedes-Benz of North America mit Sitz in Montvale, New Jersey. Im Modelljahr 1983/84 sind in den USA offiziell der 380 SE mit Normalradstand und der 500 SEL zu haben, ab Herbst 1984 dann nur noch Langversionen – sowohl 380 SEL als auch 500 SEL.

Die beiden V8-Maschinen haben durch die EPA-Emissionskontrolle und den Betrieb mit unver-

Klassisch schön: 929-nautikblau ist wie geschaffen für den 300 SE.

bleitem „regular" immens an Kraft eingebüßt: Der 380er leistet nach DIN-Norm magere 157 PS, und der 500er ist mit 186 PS auch nicht viel mehr als ein Schatten seiner selbst. Beschleunigungswerte von zwölf respektive elf Sekunden für den Standardsprint 0-100 km/h bringen die großvolumig motorisierten Autos beinahe in Diesel-Nähe.

Im Herbst 1985 gibt es aber mit dem Erscheinen der auf bleifreies Superbenzin ausgelegten Modelle 420 SEL und 560 SEL eine kleine Revolution bei amerikanischen Star-Freaks: „Performance is back" – die Leistung ist zurückgekehrt –, heißt es frohlockend in dicken Schlagzeilen. Diese freudvolle Wendung liegt ganz einfach in dem klugen Schachzug begründet, die entsprechenden Euro-KAT-Versionen mit wenigen Modifikationen für den US-Markt zu übernehmen. Der 420 SEL ist so auf 204 PS (150 kW) erstarkt, der 560er leistet wahrlich ausreichende 242 PS (178 kW) nach DIN-Norm – genug für Beschleunigungszeiten von 9,3 und 8,1 Sekunden und für (angesichts des US Highway Code allerdings nur theoretische) Höchstgeschwindigkeiten von 210 respektive 225 km/h. Kein Wunder, dass die mittlerweile wieder mehr leistungsorientierten Amerikaner in ziemliche Begeisterungsstürme ausbrechen.

Als die Baureihe 126 im Jahr 1979 auf den Markt kommt, hebt sie sich von der zunächst noch parallel dazu erhältlichen Auslaufserie W 116 natürlich auch durch die Preise ab: Im Durchschnitt sind die einzelnen Typen um 3500 bis 4000 Mark teurer geworden. Der 500 SEL kostet mit rund 56.200 Mark sogar über 5000 Mark mehr als der 450 SEL. Bis 1981 bleiben die Preise relativ stabil, nahmen dann aber bei den Sechszylindern um etwa zwölf, bei den verbrauchsoptimierten Achtzylindern um 18 Prozent zu.

Der letzten Notierung vor der Typen-Neuordnung, der Preisliste vom April 1985, kann man über den Zeitraum von drei Jahren nochmals die gleichen Steigerungsraten entnehmen: Die Preisspanne reicht von 47.743 Mark für den 280 S bis zu 78.831 Mark für den 500 SEL. Wenig später ergibt sich durch die gründliche Überarbeitung der Modellpalette die Notwendigkeit – und die Gelegenheit – einer Preiserhöhung um sechs bis sieben Prozent. Dabei stellen 50.673 Mark beim 260 SE den Eintrittspreis zur S-Klasse dar, während die Preisskala bei deutlich distanzierenden 121.410 Mark für den exklusiven 560 SEL endet.

Im April 1986 wird eine im vorangegangenen Dezember beschlossene Verteuerung um 1,8 Prozent umgesetzt. Das Flaggschiff kostet nun 123.595 Mark. Die gepanzerten Sonderausführungen der V8-Limousinen schlagen – je nach Ausrüstung – angesichts ihres Einzelstück-Charakters mit Endpreisen knapp unter 200.000 Mark zu Buche.

Aus der Fertigungsstatistik wird deutlich, dass der Sechszylinder-Einspritzer 280 SE und seine Ablösung 300 SE nach wie vor die Stütze der S-Klasse bilden. Auch die Achtzylinder haben im Laufe ihrer Karriere an Popularität zugelegt, dagegen bleibt der 280 S stets ein Stiefkind des Oberklassenmarktes – im Vergleich zu seinem Vorgänger in der Baureihe 116 hat er noch deutlicher an Beliebtheit verloren.

1980 werden 51.675 Exemplare der Baureihe 126 produziert. 1981 sind es bereits 77.463, 1982 gar 82.253, und 1983 wird ein erster Fertigungsrekord mit 88.528 Einheiten aufgestellt. Damit ist die Mercedes-S-Klasse – in der weltweiten Gesamtschau gesehen – unbestrittener Marktführer in der Kategorie der Luxuslimousinen. Zu diesem Phänomen schreibt das Nachrichtenmagazin *Der Spiegel* 1985: „Dem Daimler-Management gelang das Marketing-Kunststück, seine teuren Limousinen in Massen loszuschlagen, ohne dass dies dem Prestige der Marke Abbruch getan hätte."

Beruht dieser Erfolg wirklich nur auf einem geschickten Vermarkten der S-Klasse oder ist der 126er ganz einfach „das wohl beste Auto der Welt", wie *auto motor und sport* 1980 den 500 SE betitelte? Jedenfalls beherrschen die kultiviert-zurückhaltend konzipierten, weitestgehend perfekten Limousinen der Mercedes-S-Klasse in den Achtzigern die internationalen Märkte für Repräsentationswagen. Echte Konkurrenz ist kaum in Sicht, denn – so steht es ebenfalls im *Spiegel* zu lesen – die 126er verkörpern den „Maßstab für Luxuslimousinen in aller Welt" schlechthin.

Die Coupés

Gefahrenbereich
Zugang/Zufahrt

Die S-Klasse-Coupés der Baureihe 126: 380 SEC, 500 SEC, 420 SEC und 560 SEC

Rückbesinnung auf die Coupé-Tradition

1981 kehrt Daimler-Benz zum ursprünglichen Coupé-Konzept zurück und bringt mit dem SEC ein Ausnahme-Automobil auf den Markt, das für sich zunächst das Attribut des teuersten deutschen Serienwagens in Anspruch nehmen kann. Werfen wir einen kurzen Blick zurück: Seit 1954 führt Daimler-Benz traditionell ohne längere Unterbrechungen Coupés der oberen Preisklasse in der Angebotspalette, bis Juli 1971 jeweils als Schwestertypen der großen Cabriolets.

Zu jenem Zeitpunkt endet zunächst die enge stilistische Verwandtschaft mit den Limousinen der S- und SE-Reihe. Im Februar 1972 wird diese Stetigkeit mit dem Auslieferungsbeginn des 350 SLC (Baureihe 107) unterbrochen, denn die SLC-Serie ist nach Verlängerung des Radstandes auf der konstruktiven und formalen Basis der zweisitzigen Roadster konzipiert.

Diese Coupés betont sportlichen Zuschnitts sprechen letztlich aber Käufer einer nicht selten abweichenden Wesensart an – vom elegant-behaglichen Touch ist einiges verlorengegangen. Wenn die SLC-Modelle auch als vollwertige Viersitzer propagiert werden, so ist die Kopfhöhe über den Fondsitzen doch eher knapp bemessen, die Rücksitzpassagiere müssen sich mit einer etwas eingeschränkten Beinfreiheit zufriedengeben, und der Gepäckzuladung sind vergleichsweise enge Gewichtsgrenzen gesetzt.

So bleibt es nicht aus, dass der SLC in der Presse als 2+2-Sitzer angesprochen wird, was wahrlich nicht seinem Konzept entspricht. Das ist Grund genug für die Sindelfinger Karosserieentwickler, diesen Knick

Feine Erscheinung: Auf der Einfahrbahn sind zwei der neuen Coupés in Szene gesetzt, der vordere noch mit den Kunststoffradkappen.

IAA 1981: So richtig rundum glücklich sind die Autohersteller Anfang des neuen Jahrzehnts eigentlich nicht. Sehr viele tolle Neuheiten werden in Frankfurt auch nicht gezeigt. Umso heftiger werden die Besucher von echten Knüllern wie dem neue Nobel-Coupé SEC angezogen.

Maßnehmen: Mit einem Schablonenkörper passen die Techniker die Sitzposition im kommenden Coupé an. Das geschieht bereits 1977.

in der Coupé-Philosophie gründlich zu überdenken, denn schließlich soll der Nachfolger im Sinne der neunjährigen Modellkonstanz 1981 in Serie gehen. Prinzipiell ist daran gedacht, das Coupé in einer Renaissance alten Brauchs wieder auf der Grundlage der S-Limousinen entstehen zu lassen.

Capolavoro italiano – Bruno Saccos Meisterstück

Das mit der Konstruktionsbezeichnung C 126 E38 bis E56 bezifferte Konzept wird nahezu parallel zu den großen Limousinen ausgearbeitet. Im Juli 1980 ist eine Vorserie von drei 380 SEC fertiggestellt, zwei Monate später noch ein Coupé mit Fünflitermotor. Diese Prototypen laufen fleißig und keineswegs getarnt im Straßenversuch – allerdings noch nicht mit ihrem endgültigen Kühlergesicht: Sie tragen noch die typische Mercedes-Front, die ursprünglich diskutiert wurde und – von wenigen Details abgesehen – der Kühlerfront der Limousinen entspricht. Ein Vorstandsbeschluss weist dem SEC dann jedoch die charakteristische horizontale Kühlluftöffnung der SL- und SLC-Typen mit großem Stern in der Mitte zu. Eine treffliche Entscheidung – denn im Frontalaspekt wirken die großen Coupés dezent und elegant, aber auch wuchtig.

Im Übrigen hat das Lastenheft die Kombination aus dem sportlichen Charakter des SLC mit einem Höchstmaß an Stilelementen der Limousinen vorgegeben. Die Positionierung der SEC-Modelle soll durch die drei Schwerpunktaussagen Tradition, Form und Technik erfolgen, die Linienführung gleichermaßen von Funktionalität und Ästhetik bestimmt sein – im Klartext: Die Harmonie der Formgebung darf nicht Selbstzweck sein.

Diese Zielsetzung wird unter der Führung des Mercedes-Chefdesigners Bruno Sacco unter As-

Showstar: Dicht umlagert ist der Mercedes-Stand auf der IAA 1981 mit seinem Highlight SEC.

Beim Ritter mit der eisernen Hand: Das Coupé mit den Radzierblenden hat der Fotograf im Hof der Burg Jagsthausen, auch Götzenburg genannt, geparkt.

sistenz des Stilisten Joseph Gallitzendörfer erfüllt. Sacco, Jahrgang 1933 und gebürtiger Italiener aus Udine, bringt auf meisterliche Weise hoch entwickeltes romanisches Formempfinden mit den funktionalen Detailvorgaben in Einklang.

Als die beiden Exklusivmodelle 380 SEC und 500 SEC auf der Frankfurter IAA im September 1981 ihren Einstand geben, wird – gleichsam als Denkmalsenthüllung – eines der schönsten Automobile der Zeit nach dem Zweiten Weltkrieg präsentiert. Das Augenmerk der Öffentlichkeit richtet sich jedoch auch auf ganz andersartige, weniger ästhetisch begründete Aspekte: Der SEC wird in einer Phase zunehmender Konfrontation mit dem motorisierten Individualverkehr, wachsender Energie- und Umweltdiskussionen und beginnender Anti-Auto-Hetze vorgestellt.

Die Begriffe Leistung und Geschwindigkeit verlieren zumindest vorübergehend an Priorität. Der Freiraum für automobile Luxusgeschöpfe droht enger zu werden. Hinzu kommt das Phänomen des nun auch in der Mittelschicht zu findenden Sozialneids. Natürlich sind die neuen S-Klasse-Coupés keine Jedermann-Autos und werden für Preise feilgehalten, die selbst im IAA-Report des Fernsehens voller Erstaunen zitiert werden. Aber andererseits startet die Produktion zusammen mit dem Mercedes-Benz-Energiekonzept. Damit kommen die Coupés von Anfang an in den Genuss der verbrauchsoptimierten Triebwerke.

Blechstrukturen, Blechskulpturen

An Stelle der gestreckten Roadster-Basis baut der SEC auf der gekürzten Bodengruppe der S-Klasse-Limousinen auf. Zwischen dem mittleren Querträger und den Lagerpunkten der Hinterradaufhängung wird ein 85 Millimeter breiter Blechstreifens herausgenommen. Die Coupés sind dennoch nur um 45 Millimeter kürzer als die Viertürer, aber 160 Millimeter länger als ihre unmittelbaren Vorgänger der SLC-Reihe. Ihnen gegenüber bieten sie obendrein ein Plus von 38 Millimetern in der Breite. Die großzügigere Dimensionierung kommt ganz dem Rücksitzraum zugute und lässt den SEC zum vollwertigen Viersitzer werden.

Drei Zentimeter flacher: Die kleinere Bauhöhe und viel Feinarbeit machen das Coupé noch einmal strömungsgünstiger als die auch nicht schlechte Limousine.

Kraftvoller Auftritt: Die Frontgestaltung mit SL-Grill, weiter herabgezogener Spoilerstoßstange und den Nebellampen im unteren Abteil kommt fast bullig-sportlich daher.

Trotz reichhaltiger Serienausstattung und luxuriöser Einrichtung sind die Coupés jeweils um zehn Kilogramm leichter als ihre viertürigen Verwandten. Diese Abmagerung wird durch weitere gewichtsreduzierende Maßnahmen wie eine aus Leichtmetall gefertigte hintere Schottwand sowie Motorhaube und Kofferdeckel mit Aluminium-Außenhaut auf Stahlskelett erreicht. Wie schon bei den 111er- und 112er-Coupés der Sechziger weist der SEC bei aller Familienähnlichkeit nur sehr wenige mit den Limousinen gemeinsame Blechpressteile auf – angesichts der vergleichsweise kleinen Stückzahlen wohl die Hauptursache für den beträchtlichen Preisabstand.

Die Linienführung der großen Coupés ist nicht nur nach ästhetischen Aspekten, sondern auch nach aerodynamischen Gesichtspunkten konzipiert worden. Der Luftwiderstandsbeiwert ließ sich gegenüber den Limousinen nochmals auf $c_W = 0{,}34$ senken. Zusammen mit der um 30 Millimeter verminderten Bauhöhe ergibt sich eine sechsprozentige Verringerung des Luftwiderstandes. Im Vergleich zum Vorgänger SLC beweisen die Windkanalprotokolle einen Vorteil von 14 Prozent.

Außerdem ist es gelungen, die Auftriebskräfte an Bug und Heck spürbar zu senken. Die Bugschürze,

Gefällt in jedem Detail: Zum vollendeten optischen Genuss zählen auch die eigentlich aus ganz sachlichen Erwägungen geformten Spiegelschalen und natürlich die charakteristischen Griffschalen.

Steht fast da wie mit Allrad: Wintersport mit dem SEC

die die serienmäßigen Nebelleuchten beherbergt, ist beim SEC tiefer nach unten gezogen, die breiten C-Säulen sind nach innen gezogen und die Windschutzscheibe ist stärker geneigt. Die A-Säule mit dem Frontscheibenrahmen wird durch ein kräftiges, an den Enden mit den Pfosten verschweißtes Stahlrohr verstärkt, um jenen Mangel an Stabilität zu kompensieren, den der Wegfall einer B-Säule bedeutet. Diese Maßnahmen tragen zur außerordentlichen Verwindungssteifigkeit der Wagen bei und verleihen dem Dach im Falle eines Überschlags die nötige Festigkeit.

Dank ihrer fließenden Linienführung wirken die immerhin nahezu fünf Meter langen Coupés optisch kürzer und durch die großen Glasflächen zu gleicher Zeit wuchtig und doch grazil. Die erheblich flachere Motorhaube und das hohe, an der Limousine orientierte Heck verleihen dem SEC eine ausgeprägtere Keilform als den verwandten Viertürern.
Im Herbst 1985 werden die Coupés den gleichen Karosserieretuschen an Bug, Heck und Seitenschwellern unterzogen wie die Limousinen. Der SLC war zweifelsohne ein hübsches Auto, der SEC ist aber wohl noch harmonischer proportioniert. Wie ein Prospekttext behauptet, strahlt die Formgebung „sportlich-individuelle Beweglichkeit“ aus.

Der Charakter des Reisewagens erscheint beim SEC ausgeprägter als beim Vorgänger: Der Kofferraum entspricht mit einem Volumen von 505 Litern, von denen rund 430 für Gepäckstücke nutzbar sind, in etwa dem der Limousine und weist damit ein um zwei Drittel größeres Fassungsvermögen als der des SLC auf.

Auch die Platzverhältnisse im Wagenfond haben eine großzügigere Bemaßung erfahren: Die Beinfreiheit hinten ist zwar nominell gleichgeblieben, aber Kehlungen in den Vordersitzlehnen sorgen dennoch für eine Verbesserung. Die Kopfhöhe über dem Rücksitz ist im Vergleich zur Vorgänger-Baureihe um 42 Millimeter gewachsen. Der Zugang zum Fond gestaltet sich durch die extrem breiten Türen und den großen Kippwinkel der Vordersitzlehnen problemlos.

Die kleinen Windabweiser an den Plastik-Griffschalen der Türgriffe tragen nicht nur ein wenig zur Windschlüpfigkeit bei, sondern halten auch einen Teil des Straßenschmutzes fern. Während beim SLC ein Teil der segmentierten hinteren Seitenscheiben wegen der Radkästen stehenbleiben musste, ist man beim SEC wieder zu (fast) voll versenkbaren Seitenfenstern zurückgekehrt. Nur eine kleine Ecke blieb stehen – optisch recht improvisiert wirkend. Da die Ausformung der Radhäuser auch beim SEC nicht allzu viel Spielraum bietet, müssen sich die Fondscheiben in einer ausgeklügelten Drehbewegung in ihre Nischen schlängeln.

Die Funktion „durchgehend geöffnet“ mit komplett versenkten Seitenfenstern steigert die Attraktivität der Autos in ihrer gestreckten Anmut. Trotz der rahmenlosen Seitenfenster – eine derartige Bauart erweist sich nicht selten als problematisch – treten auch bei höheren Geschwindigkeiten kaum Windgeräusche auf. Anfängliche Tücken mit Vibrationen bekommt man in Sindelfingen rasch in den Griff.

Komfortlösung: Auf diesen Sesseln und in derart gediegenem Ambiente lässt sich trefflich Strecke machen – sogar zu viert.

Express-Büro: Das Telefon ist an Bord, Deutschlandfunk-Nachrichten kommen aus dem Becker Mexico, und alles ist fein gefasst in poliertes Wurzelholz – 560 SEC, außen bornit, innen champagner.

Polster- und Edelholzabteilung

Die Vordersitze der S-Klasse-Coupés werden elektrisch betätigt. Die Neigung der Sitzlehnen, die Sitzkissenhöhe und die Längsverstellung – ab Herbst 1983 auch die Positionierung der Kopfstützen – von Fahrer- und Beifahrersitz sind durch das Antippen der intelligenten kleinen Sitzsymbole in den Türen zu steuern. Acht Servomotoren verrichten exakt und zuverlässig ihre Arbeit.

Die Sitzanlage des SEC unterstreicht den sportiv angehauchten Fahrzeugcharakter: Die vorderen stark profilierten Sessel kommen beinahe Schalensitzen gleich und bieten in Kurven hervorragenden Seitenhalt. Ihre Lehnen sind in gewohnter Weise bei laufendem Motor durch unterdruckbetätigte Fanghaken arretiert. Beim Öffnen der Türen oder beim Betätigen von Drucktasten in den Lehnen löst sich die Verriegelung.

Die Rücksitze sind als komfortable Einzelsessel ausgebildet. Erstmals geht man hier vom Daimler-typischen Federkern ab und verwendet für die Sitzkissen ein weniger nachgiebiges Schaumstoff-Innenteil, um einem zu starken Durchfedern beim Überfahren von Fahrbahnunebenheiten entgegenzuwirken. Die vier Sitze sind in Grundausstattung mit Velours bezogen – in einem ausschließlich für die Coupés verfügbaren Streifendessin, das heute nicht mehr lieferbar ist.

Gegen Aufpreis bekommt der Kunde Lederpolster und ab September 1985 auch die synthetische wildlederartige Amaretta-Polsterung. Zu diesem Zeitpunkt wird die Fondsitzanlage neugestaltet und erhält versenkte Gurtschlösser. Zentralverriegelung und vierfache elektrische Fensterheber zählen stets zur Basisausstattung der SEC-Coupés.

Ein originelles Novum sind die beiden Gurtbringer. Diese roboterhaften Helfer sollen die Gurtanlegebereitschaft von Fahrer und Copilot erhöhen, denn sie erleichtern das Erreichen der Sicherheitsgurte, deren Ankerpunkte wegen der fehlenden B-Säule sehr tief und zurückversetzt angebracht sind. Bei geschlossenen Türen wird, sobald man die Zündung einschaltet, ein Kunststoffarm aktiviert, der aus einem Höcker der Seitenverkleidung schwenkt und den Gurt

Gleiter: Flott aber komfortabel und dank Einzelsitzen rundum mit ordentlichem Seitenhalt darf das Coupé auch etwas schneller in die Kurve.

Nummer sicher: Der Gurtbringer verhindert, dass der SEC-Fahrer das Angurten vergisst. Das kann passieren, weil in jenen Tagen noch keine Sirene losheult, bis das Gurtschloss einrastet.

Die bleiben stur: Erst nach einer Weile ziehen sich die Roboterarme wieder zurück, wenn Fahrer und Beifahrer das Angebot abgelehnt haben sollten.

mit zurückhaltender Gebärde in Schulterhöhe anbietet. Bei Einrasten des Gurtschlosses pflegt sich der Roboterarm sofort zurückzuziehen, bei Nichtanlegen der Gurte fahrerseitig nach 30 Sekunden, beim Beifahrer nach einer Minute.

Instrumentierung und Platzierung der Bedienungselemente entsprechen weitgehend der von den S-Klasse-Limousinen her gewohnten Anordnung. An Stelle des Tourenzählers kann auch der ab Herbst 1983 gegen Aufpreis lieferbare Reiserechner eingebaut werden, der – recht betrachtet – mit einem Bordcomputer heutiger Diktion wenig zu tun hat und mehr einen spielerischen Gag darstellt. Dieses Gerät signalisiert bei längeren Reisen Fahrzeiten, Durchschnitts- und Soll-Geschwindigkeiten, den jeweiligen Verbrauch und die Notwendigkeit von Tankstopps – Dinge, die ein normalbegabter Fahrer mehr oder weniger im Unterbewusstsein verfolgt. Hier werden letztlich Erinnerungen an die beim bayerischen Erzrivalen gepflogene Selbstzweck-Elektronik wach. Da atmet das an der Mittelkonsole und am Armaturenbrett reichlich verwendete polierte Walnuss-Wurzelfurnier schon eher traditionsbewussten Untertürkheimer Geist.

Power, Speed & Glory

Die für die großen Coupés vorgesehenen V8-Triebwerke und ausschließlich lieferbaren Automatikgetriebe entsprechen in beiden Phasen – also dem Energiekonzept von 1981 und der Modell-Neuordnung von 1985 – den durchzugsstarken Aggregaten der Limousinen. In diesem Sinne wird 1985 der 380 SEC durch den 420 SEC ersetzt und der 560 SEC als exklusives Topmodell neu ins Programm aufgenommen. Ursprünglich ist zwar analog zum Vorgänger SLC auch eine Sechszylinder-Version projektiert worden, wird aber bald wieder fallen gelassen, weil kein ausreichend großer Markt für eine schwächer motorisierte Variante erkennbar ist.

Spitzenkraft: Auch Bruno Sacco war mit der Topmotorisierung 560 unterwegs – und wie alle SEC-Fahrer mit Automatik. Diesen fuhr der Designer früher selbst.

150.765 Deutsche Mark beträgt der Basispreis für den 1990er SEC mit 560er-Motor – dazu kommen dann die unzähligen Extras, die der Käufer des bornitfarbenen Coupé auszugeben vermochte, praktisch alles außer Standheizung, Kühlschrank und Reiserechner.

Auch hinsichtlich des Fahrwerks existieren keine prinzipiellen Unterschiede zu den Limousinen. Die Servolenkung ist geringfügig indirekter übersetzt, um bei unveränderter Präzision – von Anschlag zu Anschlag sind 2,9 Lenkradumdrehungen nötig – ein kommoderes Ansprechen bei plötzlichen Richtungswechseln zu erzielen.

Statt der gewohnten Faustsattel-Scheibenbremsen verwendet man beim SEC an den Vorderrädern zunächst solche der Schwimmsattel-Bauart, die nur einen hydraulischen Zylinder auf der „kühleren" Fahrzeuginnenseite aufweisen. Neben einer unbeträchtlichen Gewichtsersparnis wollte man dadurch vor allem erhöhte Standfestigkeit gewinnen. Im Herbst 1985 kehrt der Hersteller allerdings zur standardisierten Festsattelbremse zurück, als die größeren 15-Zoll-Räder eingeführt werden. Natürlich zählt das Anti-Blockier-System zur Grundausrüstung, während Leichtmetallräder außer beim 560 SEC zuschlagpflichtig sind.

Hinsichtlich der Fahreigenschaften sind bei den S-Klasse-Coupés keine nennenswerten Unterschiede zu den Limousinen festzustellen. Allenfalls beim Komfort müssen winzigste Abstriche hingenommen werden: Der verkürzte Radstand lässt die Gesamtabstimmung – besonders bei Querwellen der Fahrbahn – straffer wirken. Dagegen muss das Fahrverhalten des SEC als ebenso mustergültig bezeichnet werden wie das der Viertürer. Auch bei den Fahrleistungen sind gegenüber den jeweiligen viertürigen Paralleltypen keine gravierenden Unterschiede zu erwarten.

Für den 380 SEC gibt das Werk eine Spitzengeschwindigkeit von 210 km/h und eine Null-auf-Hundert-Spanne von 9,8 Sekunden an. Beide Werte werden durch unabhängige Tests bestätigt – wenn auch ein Prüfungsexemplar der Schweizer *Automobil Revue* 218 km/h erreicht. Im gleichen Test wird ein Durchschnittsverbrauch von 12,9 l/100 km ermittelt.

Der 500 SEC dagegen übertrifft in der Regel die Herstellerangabe von 225 km/h – es dürfte kaum ein Exemplar geben, das weniger als 230 km/h läuft. Damit korrespondiert eine Beschleunigungszeit von 8,1 Sekunden. Der in einem Bericht des Fachmagazins *auto motor und sport* errechnete Testverbrauch

Gelungen: Die Mischung aus Gediegenheit und Eleganz ist beispielhaft.

Nicht billig: Der 500 SEC kostet nach der Modellpflege in der Basisversion knapp über 100.000 Mark. Mit ein paar Kreuzchen auf der Sonderaustattungsliste lässt sich das noch erheblich erweitern.

eines 500 SEC beläuft sich auf für jene Zeit durchaus nicht maßlose 15,7 l/100 km – die Werkangabe liegt im Euro-Drittelmix bei 11,9 Litern.

Das überarbeitete Modell 420 SEC und der 500 SEC der zweiten Evolutionsstufe sind um Bruchteile besser durchtrainiert, dagegen findet der SEC in der 5,6-Liter-ECE-Version Anschluss an die dünne Oberschicht der internationalen Hochleistungswagen. Der 560 SEC übertrifft 250 km/h und beschleunigt in rund sieben Sekunden aus dem Stand auf 100 km/h – und das bei einem Drittelmix-Konsum von 13,5 Litern. Ein guter Futterverwerter!

Die 126er Coupés können mit ihrer begrenzten Stückzahl keine Sonderangebote sein – sie zählen auch vom Kaufpreis her zur Spitzenklasse. Der 380 SEC kostet beim Serienanlauf 69.495 Mark, sein größerer Bruder 73.902 Mark. Vier Jahre später (1985) sind die Preise auf 89.034 respektive 94.620 Mark geklettert. Mit einigen sinnvollen oder aber ganz einfach das Selbstwertgefühl hebenden Extras wie Klimatisierungsautomatik, Schiebedach, Tempomat, Becker-Radio und Leichtmetallrädern ist schnell ein sechsstelliger Rechnungsbetrag erreicht und überschritten.

Ein kräftiger Preisauftrieb wird wenig später durch den Semi-Modellwechsel im Herbst 1985 ausgelöst. Der 420 SEC nimmt nun mit 94.563 Mark die Position des 380 SEC ein. Der 500 SEC durchbricht jetzt mit 100.377 Mark in der Basisversion die Hunderttausender-Schallmauer. Aber es wird noch gewaltiger kommen: Der 560 SEC schlägt mit 133.608 Mark zu Buche, wobei dieser Preis die Leistungssteigerung auf 300 PS nach Sonderausstattungscode 822 beinhaltet. Diese deutlich distanzierende Summe lässt den limited-edition-Charakter des Wagens erkennen – immerhin entspricht der Preisunterschied zum

Chic: Mit dem SEC ist man auch in Frankreich immer gut angezogen. Die sommerliche Gala auf dem Prospektfoto oben könnte mittlerweile zu den bevorzugten Zielen zählen, werden doch etliche der Schmuckstücke heute ohnehin nurmehr in der warmen Jahreszeit bewegt

S EL 4901
S EL 4914

500 SEC dem Tarif eines 122 PS starken 190 E samt Schiebedach. Viel Geld für ein Plus von 55 Pferdestärken …

Für die 126er-Coupés ist ursprünglich eine durchschnittliche Tagesproduktion von 30 Wagen projektiert worden, entsprechend einer jährlichen Stückzahl von 7000 bis maximal 8000 Einheiten. Zunächst ist ein beträchtliches Auftragsvolumen abzubauen – die Lieferfristen belaufen sich anfänglich auf 15 bis 18 Monate. Dazu kommt, dass der SEC einen im Schnitt höheren Exportanteil als der Rest der Personenwagenpalette aufweist: Mehr als 60 Prozent werden vor allem nach Nordamerika und in den nahen Osten verschifft.

1983 erreicht die Fertigung der großen Coupés ihren Höchstwert von 9887 Exemplaren. Damit ist die Produktionskapazität mehr als ausgelastet. Auch die modellspezifische Popularität der zunächst nur zweigleisigen SEC-Serie ist einem Wandel unterworfen: Im Vorstellungsjahr 1981 wird noch der 380 SEC bevorzugt (945 gegenüber 726 Einheiten beim Fünfhunderter), 1982 haben beide Modelle fast gleichgezogen (4393 zu 4059), im darauffolgenden Jahr stellt der 380er nur noch 38 Prozent der großen Coupés, und 1984 steht die schwächer motorisierte Version mit einem 16-Prozent-Anteil vollends im Schatten des Fünfliter-Coupés. Offensichtlich honoriert die Kundschaft das überlegene Leistungsvermögen des 500 SEC.

Auch der US-Export spielt hier eine wesentliche Rolle: Auf dem ertragreichen Nordamerika-Markt wird zunächst nur der 380 SEC, ab Herbst 1983 dann ausschließlich der 500 SEC angeboten, bis im Modelljahr 1986 das Flaggschiff 560 SEC die Nachfolge antritt. Die amerikanische Fachpresse ist, was die großen „sporting coupés“ (so *Car and Driver*) betrifft, ausnahmslos des Lobes voll. *Road & Track* schreibt, um den 560 SEC zu charakterisieren, müssten – um seine herausragenden Qualitäten zu

Kurz vor dem Kreuz Weinsberg: Der 500er ist für den Fotografen brav auf der rechten Spur der fast leeren A6 in westlicher Richtung unterwegs.

Linke Seite: Mit Barockfelge vor entsprechender Fassade: Übrigens weiß niemand, warum man bei der Zulassung der Coupés ausgerechnet auf S-EL verfallen ist.

Wichtiger Markt USA: Auch dieser 380er wird von Untertürkheim auf die Reise über den großen Teich gehen, wo das Foto vom 560 SEC (oben) entstand.

beschreiben – Attribute benutzt werden, die noch nicht im Wörterbuch zu finden seien. Wahrlich große Worte …

Am 27. August 1991 läuft in Sindelfingen das letzte 126er-Coupé vom Band – ein 560 SEC im Farbton Blauschwarz Metallic (Code 199) mit der Chassis-Endnummer A610819 –, wird dem Leiter des Mercedes-Museums, Max-Gerrit von Pein, übergeben und macht sich auf den Weg in die Sammlung des Herstellers. Insgesamt sind 74.060 SEC entstanden. Nach absoluten Zahlen ist der rund zehn Jahre lang gebaute 500 SEC mit einem Fertigungsergebnis von 30.184 Einheiten der Spitzenreiter – in der Relation gebührt dieser Titel aber dem dank der US-Nachfrage in nur sechs Jahren 28.929 mal gebauten 560 SEC.

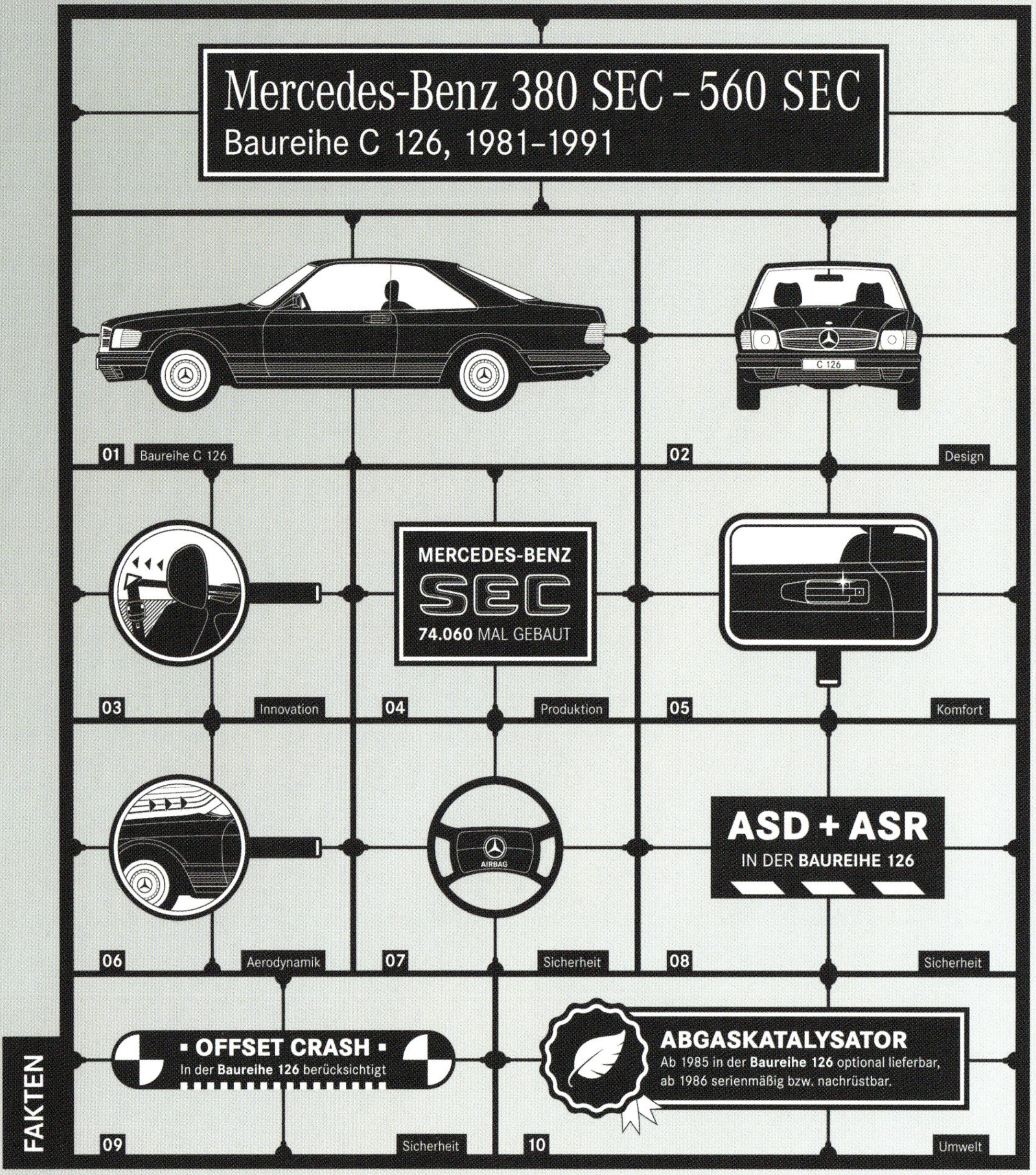

01 Die Coupés der Baureihe 126 werden zehn Jahre lang gebaut, von 1981 bis 1991. Spitzenmodell ist der Mercedes-Benz 560 SEC. Der Achtzylindertyp liefert Individualität und Fahrkultur auf höchstem Niveau. **02 Das Design der SEC-Coupés** orientiert sich an den S-Klasse Limousinen der Baureihe 126. Im Unterschied zu diesen haben sie den sportlichen Kühlergrill mit großem Zentralstern. Die ausgesprochen elegante und harmonische Formgebung findet von Beginn an großen Anklang und macht das SEC-Coupé zu einem der schönsten Autos der Nachkriegszeit. **03 Angenehmer Helfer:** In den Coupés der Baureihe 126 feiert der Gurtbringer seine Premiere. Er reicht den Sicherheitsgurt automatisch ins Blickfeld und in die Griffweite von Fahrer und Beifahrer. **04 Die Gesamtstückzahl von 74 060** gebauten Coupés der Baureihe 126 vermittelt einen Eindruck von dem hohen Beliebtheitsgrad der Modellfamilie. Die mit Abstand seltenste Variante ist der Typ 420 SEC mit nur 3680 Einheiten. **05 Ein bemerkenswertes Konstruktionsdetail** der Coupés der Baureihe 126 sind die aerodynamisch optimierten Türgriffmulden, die eine Verschmutzung der Türgriffe weitgehend verhindern. **06 Optimierte Aerodynamik:** Der niedrige Luftwiderstandsbeiwert von c_w=0,34 der Baureihe C 126 [c_w=0,35 beim Typ 560 SEC] sorgt für einen gegenüber der Vorgängerbaureihe deutlich reduzierten Treibstoffverbrauch. **07 Premiere:** Das erste deutsche Auto mit Fahrer-Airbag und Gurtstraffern kommt von Mercedes-Benz, es ist die Baureihe 126. Die Sicherheitsausstattung ist von 1981 an zunächst gegen Aufpreis lieferbar. Der Beifahrer-Airbag ist von 1985 an erhältlich. **08 Beste aktive Sicherheit:** Das in der Baureihe 126 zum Einsatz kommende automatische Sperrdifferenzial ASD und die Antriebs-Schlupf-Regelung ASR sorgen für eine optimale Kraftübertragung auf jeglichem Untergrund. **09 Umfassendes Sicherheitskonzept:** In der Karosseriestruktur der Baureihe 126 berücksichtigten die Ingenieure den „Offset Crash", der im Unfallgeschehen sehr häufig vorkommt. **10 Für die Umwelt:** Der geregelte Abgaskatalysator ist in der Baureihe 126 von 1985 an optional lieferbar, von 1986 an gehört er zur Serienausstattung.

Mercedes-Benz

S EL 4901

Promis, „Panzer“ und Performance

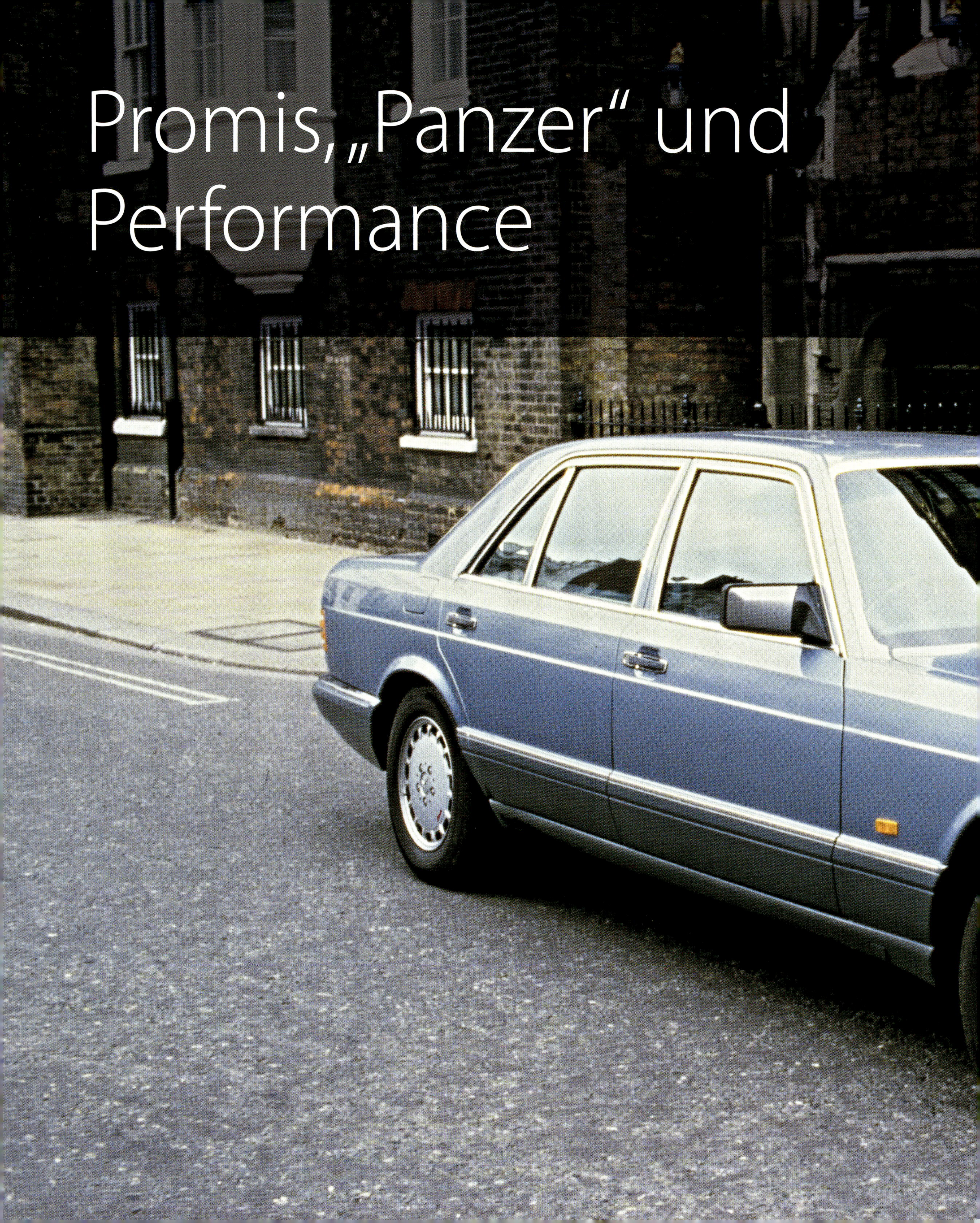

E222 FNH

Prominenz im W 126

Handgefertigt: Die Arbeiter von Mercedes-Benz in Südafrika bauten in Sonderschichten den roten 500 SE für Nelson Mandela.

Vorherige Doppelseite: Auch die Royals fuhren W 126 – das Auto des Prinzen von Wales parkt vor St. James's Palace.

Es wäre müßig, alle Prominenten aufzuzählen, die einen Mercedes der Baureihe 126 gefahren haben. Allein die Politiker in der S-Klasse sind Legion. Bundeskanzler Helmut Kohl kann man sich in Verbindung mit einem Auto eigentlich gar nicht anders vorstellen als beim Besteigen oder Verlassen eines SEL in Sonderschutz-Ausführung.

Im Gedächtnis geblieben sind natürlich auch Bilder wie das des zerstörten SEL, in dem der Vorstandssprecher der Deutschen Bank, Alfred Herrhausen, getötet wurde, oder jene SEK-Limousinen, die zu der Gruppe Polizeiwagen gehörten, die auf der A3 die Geiselnehmer von Gladbeck stoppten.

Vielleicht sei einer der vielen Politiker hier stellvertretend für die vielen anderen genannt, weil er eine ganz besondere S-Klasse bekam. Den 500 SE, den die Arbeiter des Werks von Mercedes-Benz of South Africa in Freischichten für Nelson Mandela gebaut hatten, übergaben sie dem designierten südafrikanischen Präsidenten 1990. Somit war sein Dienstwagen einer der wenigen 126, die außerhalb Sindelfingens (und auch nur am Kap) gebaut wurden.

Es gibt auch noch Fotos einer ganzen Reihe bekannter Rennfahrer, die sich – vorzugsweise Coupés – Exemplare der Baureihe im Werk abholten. Dabei waren etwa Jody Scheckter, Nigel Mansell und Ayrton Senna. S-Klassen fuhren außerdem Schauspieler Mario Adorf, die Showmaster Michael Schanze und Wim Thoelke. Legendär ist der SEC aus dem Film „Bang Boom Bang" von Peter Thorwarth, von dem Kalle Grabowski alias Ralf Richter im Gefängnis schwärmt und den sein Kumpel Keek

Mit Rechtslenker: Der spätere Formel-1-Weltmeister Nigel Mansell holt seinen 500 SEC ab.

Ein Coupé für den späteren Weltmeister: Ayrton Senna posiert 1984 vor einem 500 SEC und vor dem Kundencenter Sindelfingen

(Oliver Korittke) ihm besorgen soll. Und in der notorischen 80er-Fernsehserie „Dallas" war man natürlich auch oft genug im W 126 unterwegs, J.R. etwa mit der Nummer Ewing3, einem 380 SEL.

Popstar Michael Jackson hatte ebenfalls einen SEL, den er für die Fahrt zu seinem Studio nutzte, bis das Auto mit ihm auf das Riesenanwesen „Neverland" mit umzog. Dort blieb es auch und diente dem lokalen Transport, bis Jackson es einer Tante schenkte, die sich mit dem sprechenden Kennzeichen TKSMKL für „Thanks, Michael" bedankte. Der Wagen wurde dann wie viele Prominenten-Autos irgendwann versteigert, der 500er immerhin für 100.000 Dollar.

Wer übrigens in der „Internet Movie Cars Database" – dort werden Filme anhand ihrer automobilen Haupt- und Nebendarsteller respektive Filmautos mit Angabe des Auftritts gezeigt – die Suchbegriffe W 126 und C 126 eingibt, kommt mit Stand Oktober 2018 auf 2186 Treffer. Das ist nicht nur absolut eine bemerkenswerte Quote, das ist auch Platz 2 in der Mercedes-Movie-Hitparade – hinter dem W 123 und vor dem Sprinter.

B wie Beschussklasse
Der 126er ist auch als Sonderschutzfahrzeug ein Bestseller

Die Geschichte der Baureihe 126 wäre unvollständig erzählt ohne seine Rolle als (Dienst-) Wagen mit Sonderschutz – einfacher ausgedrückt: gepanzert. Im so genannten Deutschen Herbst 1977 hatten mit den Entführungen und Ermordungen von Generalbundesanwalt Siegfried Buback, dem Vorstandssprecher der Dresdner Bank, Jürgen Ponto, und von Arbeitgeberpräsident Hanns Martin Schleyer, mit der Entführung der Lufthansa-Maschine Landshut, den Selbsttötungen der Inhaftierten Andreas Baader, Gudrun Ensslin und Jan-Carl Raspe und schließlich den harten Reaktionen von Behörden und Regierung die Geschehnisse um die Rote Armee Fraktion ihren Höhepunkt erreicht. Für Autohersteller wie namentlich Mercedes-Benz hatte das zur Folge, dass plötzlich der Bedarf an gepanzerten Autos geradezu sprunghaft wuchs.

Sonderschutz mit Anlage für Sonderrechte: Das Werksfoto zeigt einen bei Mercedes umgebauten 380 SE der ersten Serie.

Jubiläum: Bei Mercedes wird als 1000. Sonderschutzfahrzeug ein 420 SEL gefeiert.

Mit Standerhalterung: Den 380 SEL hat das Werk im Regierungsauftrag aufgebaut.

Kaum eine Tagesschau, kaum ein Pressebild von Politikern beim Vorfahren kam mehr aus ohne eine oder gleich mehrere S-Klassen, die freilich erst auf den zweiten Blick an den Fenstern als Panzerlimousinen identifizierbar waren.

126er rollten natürlich erst ab 1979 von den Bändern. Bereits zuvor hatte es ab Werk Limousinen mit Sonderschutz gegeben, vom Vorgänger W 116 wurden in dieser Form aber nur 295 Stück gebaut. Von einer Serienfertigung im Hause lässt sich daher erst mit der Einführung des W 126 sprechen. Der Schutz wird nach den so genannten Beschussklassen bewertet, und den 126er gab es in den Stufen B6 und B7.

Kein Ruhestand: Im ersten Jahrzehnt des dritten Jahrtausends werden selbst fast schrottreife Sonderschutz-Limousinen wiederbelebt etwa für den Einsatz im Nahen Osten.

Das Werk produzierte binnen zwölf Jahren 1465 Sonderschutzfahrzeuge der Baureihe 126 – an sich schon eine große Zahl, der noch die jener ungezählten Exemplare hinzuzuaddieren ist, die von weiteren Herstellern nachträglich und in den unterschiedlichsten Stärken und Ausführungen aufgerüstet wurden. Exemplarisch sei die Firma Trasco genannt, die auch verlängerte Versionen der S-Klasse Limousine lieferte.

11. Februar 1986: Eine Sonderschutzlimousine des US State Department steht auf der Zufahrt zur Glienicker Brücke in Potsdam, wo soeben der Sowjetbürger Anatoli Schtscharanski in den Westen gelassen wurde.

Widerstandsklassen

Der Sonderschutz für gepanzerte Limousinen ist nicht immer gleich stark. Nach deutscher und nach Euronorm sind bestimmte Widerstandsklassen definiert, die man landläufig etwa als B7 kennt. Zuständig für die Zertifizierung sind die so genannten Beschussämter.

Übrigens wird im Prüfverfahren nicht die Widerstandsfähigkeit des gesamten Autos ermittelt und benannt, sondern die der jeweiligen Werkstoffe. Maßgeblich sind die Folgen des Beschusses aus unterschiedlichen Waffen und mit unterschiedlicher Munition. Beschussklassen für Türen und Fenster sind laut Euronorm B1 bis B7, für das Panzerglas gelten die Klassen BR1 bis BR 7. Fahrzeuge werden nach Vehicle Resistanc in VR1 bis VR7 eingeteilt.

Stellvertreterauto: Für den Vatikan entstand dieses Einzelstück mit Einzelthron für Johannes Paul II.

Unter anderem entstanden auch zwei Exemplare für den Vatikan, immerhin liefert der Hersteller seit 1930 die päpstlichen Autos. Die Dienstwagen von Johannes Paul II. waren beide Erstserienfahrzeuge. So übergab Daimler-Benz-Chef Werner Breitschwerdt im Sommer 1985 in einer Privataudienz einen schwarzmetallic-lackierten 500 SEL an den Bischof von Rom. Er löste den 600er ab, der seit 1965 als offizielles Papstmobil diente.

Der V 126 mit Sonderschutz hatte 20 Zentimeter mehr Radstand und ein um 30 Millimeter höheres Dach. Im Fond nahm der oberste Hirte der katholischen Kirche – wie schon Pius XI. 55 Jahre zuvor im Nürburg – auf einem Einzelsitz Platz, dem zwei Klappsitze gegenüber lagen. Dank des (zehn Zentimeter längeren) Schiebedachs über dem Fond konnte sich der Papst stehend seinen Anhängern zeigen. Vor dem Fahrtwind schützte ihn ein hochklappbarer Schild aus transparentem Kunststoff. In der Form war das Papamobil allerdings höchstens mit 30 Sachen unterwegs. Ansonsten ging mit dem schweren Panzerwagen (Leergewicht fast 2,7 Tonnen) maximal Tempo 160.

Ganz so extravagant waren die Sonderschutzautos von Bundespräsident und Bundeskanzler sowie vieler weiterer deutscher Politiker, Unternehmer und Prominenten natürlich nicht. Im Gegenteil: Meist wurde die sachliche und angenehm unfei-

Uniformiert: Zum Schutz von Geldtransporten dienten gepanzerte S-Klassen, die allerdings von den Geldinstituten betrieben wurden.

erliche Erscheinung der S-Klasse gerade geschätzt – auch von Potentaten und Protagonisten anderer Länder weltweit.

Die Sondereinheit des Bundesgrenzschutzes „GSG 9“ nutzte ebenfalls solche Fahrzeuge, genauso wie die Landesbanken, die für den Begleitschutz der gepanzerten Geldtransporter vorwiegend W-126-Panzer in „Polizeiuniform“ einsetzten. Obwohl es Autos der Geldinstitute waren, kamen sie grün-weiß-lackiert und mit Blaulicht und Martinshorn zum Einsatz, weil sie für die Begleitfahrten an die Polizei gleichsam ausgeliehen waren.

Produziert ab dem Jahreswechsel 1980/1981, kamen die Erstserienfahrzeuge mit Fuchsfelgen im Barockdesign und die späteren Modelle mit „Gullydeckeln“ in jeweils verstärkter Ausführung, da die

Zweites Leben: Auch die Ex-Geldtransport-Begleiter werden nach dem Zweiten Irakkrieg für Behörden und private Dienste reaktiviert. Der Schutzumbau samt Aramidplatten macht sie für die Kunden so wertvoll.

Fast wie neu: Nach aufwändiger Zerlegung, Renovierung und Lackierung sind die begehrten Sonderschutz-Limousinen wieder einsatzbereit.

Rechte Seite: Schutz und Schick – Trasco in Bremen betreibt nicht nur 126er-Tuning, sondern baut auch Sonderschutz-Fahrzeuge.

zulässigen Gesamtgewichte der Fahrzeuge 3200 bis 3400 Kilogramm betrugen. Die Reifen waren bis Ende der 80er Jahre die Schwachstelle, als Continental mit dem CTS eine Reifen-Felgen-Kombination möglich machte, die auch die Weiterfahrt mit zerschossenen Reifen gestattete.

Außer an den dickeren Chromrahmen der Fenster und einem Abdeckblech am unteren Rand der Windschutzscheibe war von außen nicht zu erkennen, dass es sich um ein gepanzertes Fahrzeug handelte.

Unterm Blech wurde natürlich allerhand verändert, zunächst einmal, damit das Auto überhaupt mit der enormen Gewichtszunahme fertig wurde. So kamen solidere Fahrwerksteile ebenso zum Einsatz wie stärkere Getriebe, Kraftübertragung inklusive Sperrdifferenziale und Motoren. Darüber hinaus war praktisch machbar, was gewünscht wurde – bis hin zu Gadgets, die sich auch James Bonds Autoausstatter Q hätte ausdenken können. Feuerlöschanlagen und spezielle Atemluftversorgung sind da noch die normaleren Sachen. Kaum ein Fahrzeug glich vollständig dem anderen, und alle entstanden in Handarbeit. Was so ein geschützter 126er kostete, blieb stets vertraulich, natürlich ebenso die Namen der Erstbesitzer.

Übrigens haben zahlreiche 126er mit Sonderschutz noch eine zweite oder gar eine dritte Karriere gemacht, zuletzt vielfach auf den Straßen Bagdads und denen weiterer verheerter Städte im Irak. Mitte der 2000er Jahre etwa nahmen sich ein paar handverlesene Spezialisten zum Teil fast schrottreife Autos vor und versetzten sie wieder in Einsatzbereitschaft, weil Behörden und private Unternehmen in den Krisengebieten einen Riesenbedarf an Panzerlimousinen hatten. Angesichts der horrend teuren Schutztechnik lohnte sich da auch die Aufbereitung ansonsten zumindest ausgesprochen unansehnlich gewordener 126er – und die neue Kundschaft ließ sich das etwas kosten.

Mit Extra-Antenne: Der 380 SEL der ersten Serie verlässt das Werk ebenfalls als Sonderschutz-Fahrzeug.

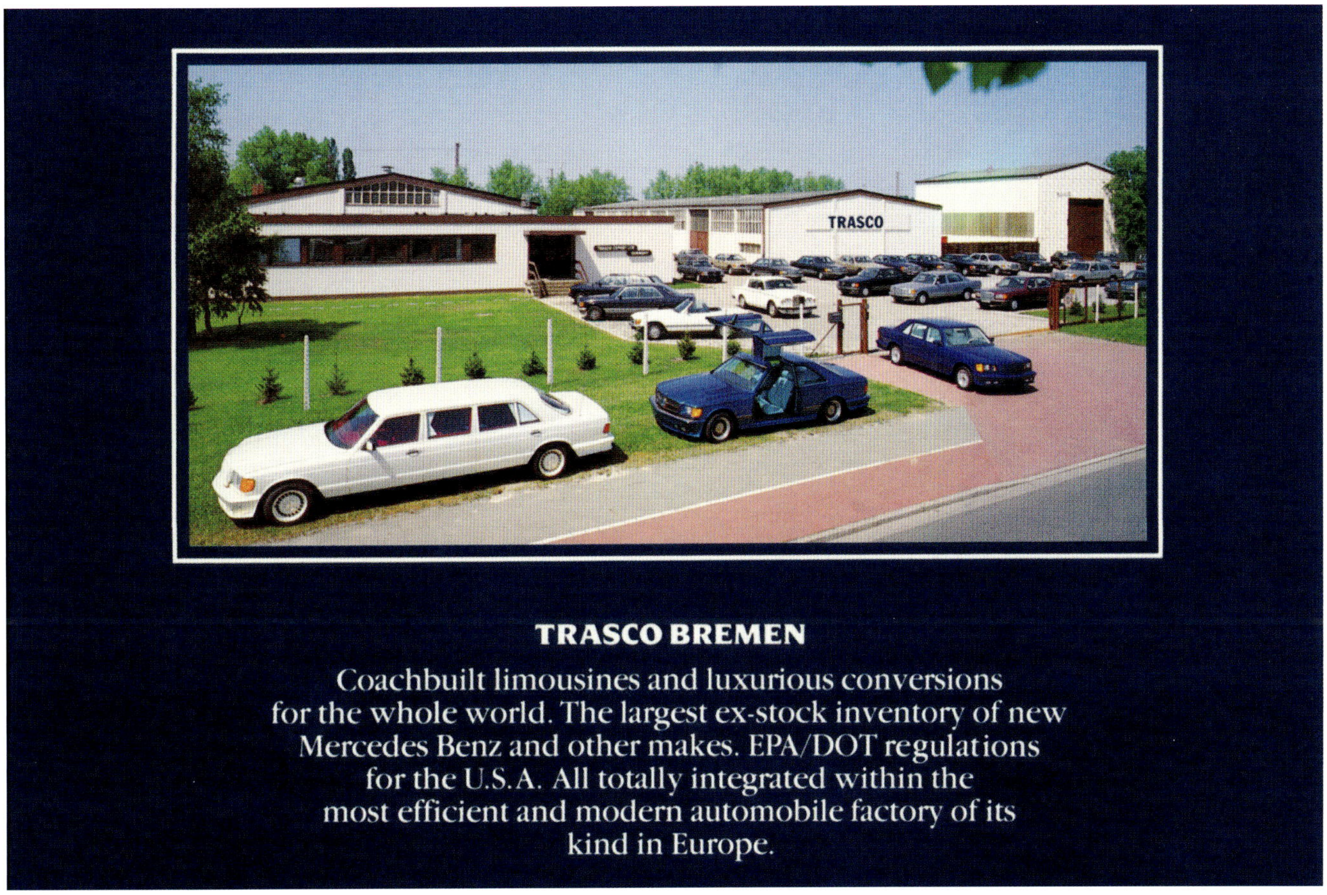
TRASCO
TRASCO BREMEN
Coachbuilt limousines and luxurious conversions for the whole world. The largest ex-stock inventory of new Mercedes Benz and other makes. EPA/DOT regulations for the U.S.A. All totally integrated within the most efficient and modern automobile factory of its kind in Europe.

Extra lang: Vor allem im Nahen Osten waren nochmals verlängerte Langlimousinen beliebt, wie diese von SGS, die es ebenfalls mit Sonderschutz gab.

Panzerglas: Mehrere Zentimeter dick ist das Seitenfenster, das der Mitarbeiter der Styling Garage (SGS) in eine extralange Limousine einbaut.

Dramatisch: SGS inszenierte das Attentat auf die verlängerte S-Klasse für Werbezwecke.

Klischee: Das Werbefoto zeigt den bequem chauffierten Boss im Fond, der die beiden Kalaschnikow-schwingenden Dunkelmänner qualmend einfach aussitzt.

Ein Ausflug in den Motorsport: 1989 geht AMG mit dem 500 SEC in Spa an den Start zum 24-Stunden-Rennen. Hier ist das Auto auf dem Nürburgring auf Testfahrt zu sehen, wo das Foto vom 560 SEC (oben) entstand.

Sportschau

Ardennen 1989. Es ist einer der wenigen sportlichen Auftritte von Angehörigen der 126er-Familie. AMG tritt am 23. Juli zum renommierten 24-Stunden-Rennen in Spa-Francorchamps mit gleich zwei präparierten 500 SEC an. Mit der Nummer 5 gehen Heiner Weis, Walter Mertes und Hans Heyer an den Start, mit Nummer 6 Klaus Ludwig, Alain Cudini und – auch für diesen Wagen gemeldet – Hans Heyer.

Leider ist für beide Autos nach verhältnismäßig kurzer Zeit schon Schluss. Nummer 5 fällt mit Problemen an der Hinterachse aus. Nummer 6 hat Schwierigkeiten mit dem Getriebe, die derart gravierend sind, dass an eine Fortsetzung des Rennens nicht zu denken ist.

Übrigens war der Einsatz der schwarz-silberfarbenen Renner auch eine Art Reminiszenz an die legendäre Rote Sau, mit der AMG 1971 am gleichen Ort Furore gemacht hatte. Schon damals setzten die Affalterbacher eine S-Klasse an den Start, freilich eine Limousine 300 SEL mit 6,8-Liter-V8. Hans Heyer – damals schon – und Clemens Schickentanz fuhren den knallroten Viertürer gegen Ford Capri RS, Alfa Romeo GTA und den BMW 3.0 CS zum Klassensieg und auf Rang zwei im Gesamtklassement.

Rechts: Leider ausgefallen – Klaus Ludwig und Alain Cudini scheitern in Spa-Francorchamps 1989 an technischen Problemen.

K.Ludwig
A.Cudini
AEG
OLYMPIA
CHAMPAGNE
Lanson
BOSS
HUGO BOSS
O.Z. Racing
SECA
6
König-Pilsener
BILSTEIN RECARO
MAHLE

Der einzige mit Heckklappe: Der Deckel gibt den Weg frei zum 200-Liter-Tank. Die Flipfront verbirgt den M117-V8, der dem Geländesportler im Tennisdress Beine macht.

Alles echt: Das Rallye-Equipment aus den 80ern ist noch erhalten. Allerdings ist die Sitzposition hoch überm G-Rahmen zumindest fragwürdig. Fotograf Robb Pritchard hat zur Probefahrt Platz genommen und kommentierte das Ganze so: Das Ding ist gebaut wie ein Panzer, fährt sich aber leider auch so.

Das Dakar-Coupé

Nein, das ist streng genommen kein W respektive C 126. Trotzdem gehört das Ding mit der Kunststoff-Coupé-Karosserie in dieses Buch. Erstens hat sich der Erbauer ausgerechnet fürs schwere Gelände die Karosserieform des Luxussportlers ausgesucht, zweitens schlägt unter der Haube – einer mächtigen Flipfront – immerhin ein M117-V8-Herz, und schließlich geht es um einen Start zur legendären Rallye Paris-Dakar. Das war im Jahr 1987.

Zugegeben, man hat dann nurmehr wenig von diesem Auto – und seinen mutmaßlich zwei Brüdern – gehört, weil es viel mehr als den Prolog im winterlichen Pariser Umland nicht heil überstanden hat. Spektakulär aber ist der Rallye-SEC schon geraten. Die Basis bildet das Fahrgestell eines G-Modells, professionell verstärkt für die Dakar und mit einem Überrollkäfig sowie Feuerlöschanlage und allem versehen, was der Pilot und sein Navigator sonst noch so benötigen für ein paar Tausend Kilometer neben der Straße.

Die Karosserie ist sehr sauber in verstärktem Kunststoff gefertigt, folgt in fast allen Details dem blechernen Vorbild und bietet wohl als einzige SEC-Karosserie die wahnsinnig praktische große Heckklappe.

Schneller, breiter, schräger

Der 126er ist der Tuner Lieblingsspielzeug

Zwei Tuning-Klassiker: Ganz in weiß kommt der SGS Gull Wing mit den spektakulären Flügeltüren, ganz in (lapis-) blau der 500 SEL AMG mit den legendären Penta-Felgen.

Die 80er Jahre dürfen wohl mit Recht als das am buntesten schillernde Jahrzehnt der Tuningbranche gelten. Und: Vielen Veredlern gelang mit Hilfe des W 126 der Durchbruch aus dem Billigsegment in die Oberklasse. Die Zahl der Betriebe, die sich die aktuelle S-Klasse als Objekt gewählt hatten, ist beeindruckend groß.

Alle Tuner und Veredler aufzulisten oder gar vorzustellen, sprengte den Rahmen dieses Buches. Dennoch lohnt ein Blick auf die Szene. Unabhängig von Geschmacks- oder Sinnfragen sollen die wichtigsten, die schönsten und die schrägsten Protagonisten aus der Zeit der wildesten 126er-Umbauten gezeigt sein.

Ebenfalls aus Platzgründen und weil die meisten der auch in anderen Ländern gern modifizierten S-Klassen auf unseren Straßen ziemlich rar geblieben sind, werden wir uns in erster Linie auf Deutschland und die Nachbarländer beschränken. Aber der bis heute klingenden Namen gibt es ja genug.

Platzhirsch: AMG – damals noch nicht Teil des Unternehmens mit dem Stern – war die erste Adresse, wenn es darum ging, S-Klasse und SEC Beine zu machen.

Allen voran sei AMG genannt. Die Affalterbacher zählen freilich auch nicht zu den krawalligen Tunern, heute noch viel weniger als einst. Immerhin musste man sich anfangs an die Spezialisten von AMG wenden, wollte man seiner S-Klasse zu noch ein wenig mehr Dynamik verhelfen. Ende der 70er, Anfang der 80er, also zum Start der Baureihe W 126, hatten nur die Tuner aus dem Neckarbecken Ernstzunehmendes für den Mercedes-Treiber. Neben technischen Upgrades boten die AMG-Leute natürlich auch optisches Tuning und attraktive Räder. Jedes Exemplar wurde à la carte für den Kunden zusammengestellt. AMG, seit 1976 in Affalterbach ansässig, wurde bekanntlich zum Haustuner der Marke mit dem Stern und erst zum Teil (1993) und später (1999) ganz von Daimler-Benz übernommen.

Die AMG-S-Klassen fielen durchaus auf und zeigten in der Regel auch äußerlich, dass sie etwas Besonderes – und natürlich schnell – waren. Zu einem Zeitpunkt, als bei Mercedes 231 PS die Top-Motorisierung waren, gab es bei AMG bereits Vierventiltechnik mit unglaublichen 360 PS. Dabei handelte es sich um einen Sechsliter-Motor auf Basis des fünf Liter großen Serien-M117. Die Eigenentwicklung nahm gleichsam den später in Sindelfingen gebauten M119-Vierventiler vorweg, der dann später

Tempora mutantur: Was einmal eher als degoutant galt, hat heute eine erstaunlich große Fangemeinde und ist schon zum eigenen Sammelgebiet mutiert. Aerodynamik-Kits und Sporträder (auch Lenk-) gelten etwas in der Szene, wenn sie aus den besseren Häusern kommen.

im R 129 debütierte. Wirklich spektakulär wurde es dann aber 1982 auf der Internationalen Automobil-Ausstellung (IAA) in Frankfurt. Auf dem Stand seiner Styling Garage Schenefeld (SGS) zeigte Chris Hahn gleich zwei umgebaute S-Klassen und einen aufwändig modifizierten VW Golf I.

D
BB 0711

Heißes Teil: Der AMG-SEL hat ebenfalls den potenten Fünfliter unter der Haube, in diesem Fall natürlich in Affalterbach dezent frisiert.

Aus dem originalen SGS-Fotoalbum: Oben ein Gull Wing beim Tanken, darunter der Arrow auf Basis des SEC und ein Blick in die Werkstatt

Höhepunkt der 80er-Tuningwelle: Mit enormem Aufwand verwandelten die Schenefelder Kreativen um Chris Hahn Coupés in exklusive Flügeltürer.

Keine Angst vorm Fiskus: Der potente GullWing, der hier am Hofheimer Finanzamt parkt, kostet dank H-Kennzeichens steuerlich nicht die Welt.

Erfolgsmodell: Mehr als 300 Cabrios baute SGS in den 80ern auf Coupé-Basis. Diese Autos hätten auch bestens ins Mercedes-Portfolio gepasst.

4/3
81
B FO 502H

Die Umbauten erregten nicht nur Aufsehen, sondern auch Begehren. Angesichts der enormen Nachfrage entstanden im Anschluss bei SGS extremere Umbauten: Flügeltür- und Cabrioversionen des Coupés und verlängerte Versionen der Limousine – und, richtig extrovertiert und exzentrisch: verbreiterte Autos. Wir reden da nicht von bauchigen Kotflügeln, sondern von Limousinen, die man gleichsam der Länge nach in der Mitte aufgeschnitten und deren beide Hälften man, nach Hinzufügung eines neuen Mittelteils, wieder miteinander verbunden hatte. Gut, ganz so einfach ging das natürlich nicht, aber so sieht es am Ende aus.

Verschlusssache: Vom R 107 stammte der vordere Verdecksverschluss für das SGS-Cabriolet.

Klassische Karosserieverbreiterungen gab es natürlich auch, und das waren nicht die am wenigsten beliebten Modifikationen. Wir reden schließlich von den Achtzigern. Dass es die SGS-Autos in jeder gewünschten Farbe und mit jeder gewünschten Ausstattung gab, klingt da dann kaum mehr erstaunlich. Chris Hahn baute W 126 mit W-109-Schnauzen, ließ vergoldete Kühlergrills weiterer Baureihen implantieren, polsterte mit exotischen Stoffen, installierte state-of-the-art-Stereo und erfüllte auch sonst jeden Wunsch der in der Regel finanziell überaus potenten Kundschaft.

Breitbau mal anders: Spektakulär war der Royale mit zehn Zentimetern plus und drei vollwertigen Sitzen im Fond nebeneinander.

Gesichtschirurgie: SGS stattete 126er-Limousinen auch mit Bugpartien à la 109 oder ganz barock aus wie den 116er im Hintergrund.

Da geht noch was: Wenn die Mittelkonsole für den HiFi-Overkill nicht mehr ausreicht, muss man eben an die Decke gehen.

In Erinnerung geblieben sind da nicht zuletzt für den europäischen Geschmack schrill lackierte und ausgestattete S-Klassen für ölreiche Kundschaft im Nahen Osten. Es sind Kaufpreise bis zum zehnfachen des Neupreises einer S-Klasse überliefert. SGS und andere firmierten übrigens auch stets als Hersteller der Autos, weil sich Daimler-Benz von Modifikationen der Serienmodelle grundsätzlich distanzierte.

Shooting Break: Unter den vielen Entwürfen aus dem Hause SGS war auch dieses Kombi-Coupé auf SEC-Basis.

Bunt: 1981 baute SGS für die Hochzeit des Kronprinzen von Abu Dhabi 40 Limousinen in den Farben des Regenbogens.

Gebaut wird, was gefällt: Ein bemerkenswerter Teil der 126er-Produktion ging nach Nahost und nicht wenige nach Dubai, wo sie stets mit dem Regenbogen verziert waren – auch der Pickup mit Wolfrace-Felgen.

Magic Top: Neben dem legendären Regenbogen-Porsche ist wohl das Cabriolet mit dem faltbaren Blechdach die bekannteste Schöpfung aus dem Hause Buchmann.

Neben den klassischen Schnellermachern und den Tunern, die alles umsetzten, was die spendierfreudige Kundschaft wünschte, gab es auch eine ganze Reihe von Betrieben, die sich auf dezentere Weise um mehr Luxus im Auto, um noch längere Versionen, als sie Mercedes mit dem SEL lieferte, und um Cabrios (auch viertürig!) kümmerten. Letzteres war durchaus lukrativ, boten die Sindelfinger doch seinerzeit nichts luxuriös Offenes außer natürlich den SL, der aber nur Platz für zwei bot.

SEL à la bb: Buchmann veredelte auch 126er Limousinen, mal mit Coupé-Grilll, mal mit exzentrischeren Stilelementen.

OPTIK WERKST
Kriftel aktiv
Der verkaufsoffene
AKTIONS-SONNTAG

ATT

Zweimal kein T-Modell: Der himmelblaue 500 SEL mit rotem Leder wurde einst in Japan umgebaut und gehört heute einem Berliner Sammler, der grüne Zender-Kombi trägt eine passende helle Inneneinrichtung.

Gut gelöst: Zender bediente sich beim Umbau des 560 SEL des Daches eines 124er-T-Modells.

Aufwändig: Sehr sauber ist die Limousine zum vollwertigen Kombi umgebaut inklusive ausgeschnittenen Heckblechs zugunsten der niedrigen Ladekante. Ein wenig stört nur das fein verkleidete Reserverad.

Alles vom Feinsten: Zender-Turbo-Felgen, Leseleuchten und ein Finish, als hätte es den so aus Sindelfingen gegeben.

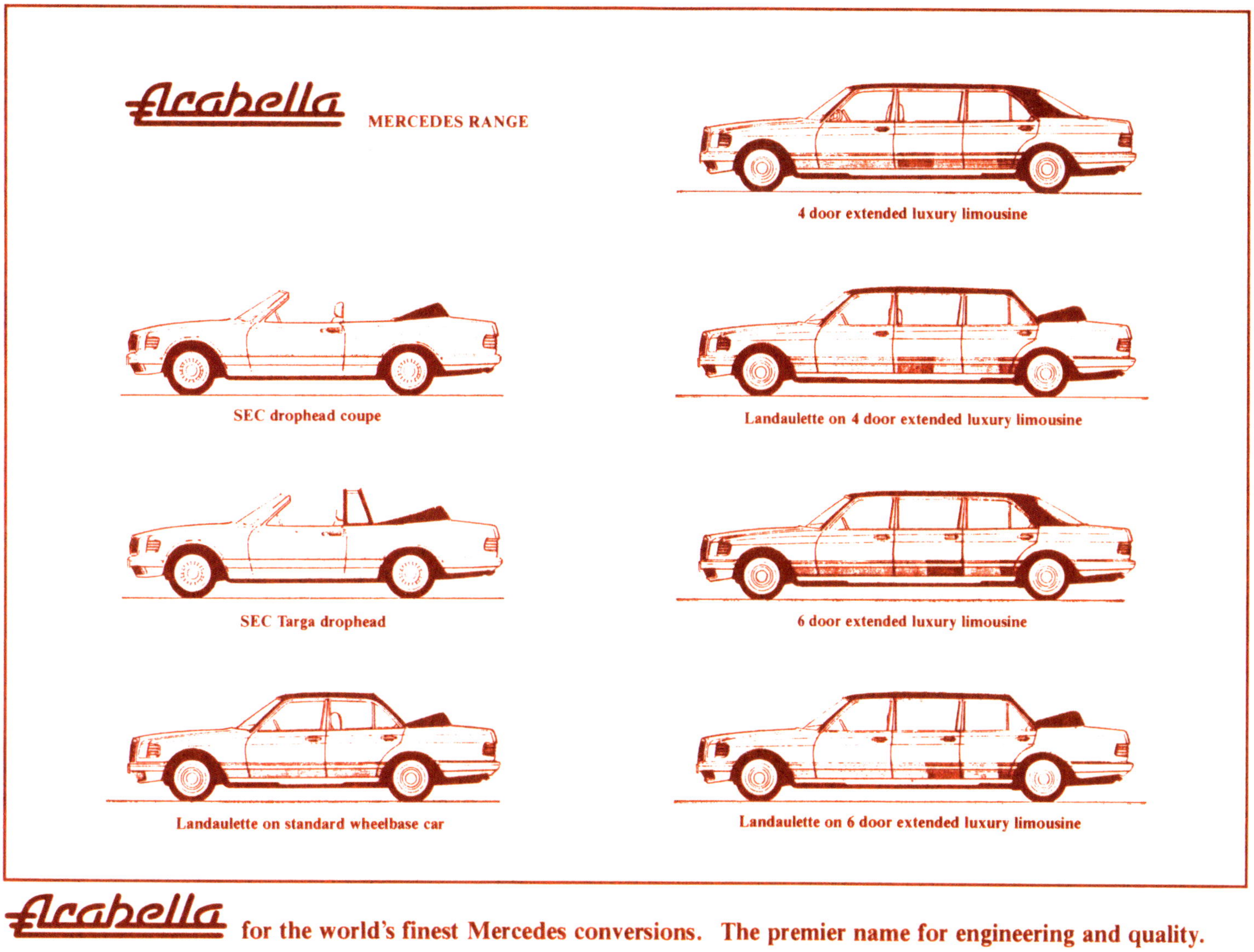

Wer etwas Besonderes wollte, fand es auch: vom Landaulet über die Stretch-Limo bis hin zum Kombi und zum Pickup. Exemplarisch seien einige der bekannteren Tunigbetriebe genannt: ABC-Exclusiv aus Bonn, Brabus, Buchmann (BB), Carat by Duchatelet aus Belgien, Caruna aus der Schweiz, GCS Bennemann, Gemballa, Koenig Specials, Lorenz & Rankl, Lorinser, Sbarro ebenfalls aus der Schweiz, Schulz, Trasco und Zender.

Sehgewohnheiten: Wer erst lange genug die langen Versionen betrachtet, wird den Landaulet links unten auf normalem Radstand plötzlich sehr kurz finden.

Carat D.Arrow 500 SEC – **PRESTIGEONTMOETING**

Een uitstekende harmonie : de technische perfectie Mercedes en de perfectie van het design Duchatelet. Een exclusieve coupé, evenwichtige lijnen, een nieuw voorkomen, dynamisch, een sobere luxe, waardevol hout, fijn leder, voor- en achterspoilers, stootstrips, aluminium velgen, banden met laag profiel en binnenonderdelen klasse S ... voldoen aan alle eisen. Men vindt het scheppingsvermogen Duchatelet in deze ontstuimige coupé terug. Een lang en nauwgezet onderzoeksprogramma leidde tot een perfecte esthetische en technische afwerking.

SPIRIT OF PRESTIGE – *Carat D.Arrow 500 SEC*

A blend of Mercedes high technology and Duchatelet extreme refinement.
A fascinating coupé, thoroughbred and elegant, furnished with full use of traditional, natural materials, front, rear and side spoilers, light alloy aluminium rims, low profile tyres and a full range of accessories from the Classe S, to meet personal requirements.
The silhouette is dynamic, the ride is superb.
Duchatelet has stamped his unique personality on the D.Arrow.
The purity of the lines, allied with the perfect finish, makes this coupé an exiting motor car.

Luxus aus Lüttich: Carat Duchatelet verfeinert noch heute Mercedes. Seinerzeit gab es edle und teure Coupés und Limousinen bei den Spezialisten aus Belgien.

Vorreiter: Gemballa macht sich früh einen Namen mit Instrumentenelektronik und LED-Beleuchtung sowie mit Fernbedienungstasten am Lenkrad. Der SEC ist ein Paradebeispiel.

Alle machen mit: Eine beeindruckend große Zahl von Spezialisten nimmt sich der Baureihe 126 an. Beispielhaft seien hier (im Uhrzeigersinn) gezeigt Trasco, Lorenz & Rankl, GFG, Schulz Tuning und ABC Exclusive.

Kein Tuning Spezial ohne König Special: Den Breitbau-Umbau verpassten die Bayern damals mit großem Erfolg allen möglichen hochwertigen Automobilen.

Klassisches Tuning im Sinne technischer Verbesserungen am Fahrwerk und zusätzlicher PS aus dem Motorraum boten übrigens nur wenige (AMG, Brabus, Koenig und Lorinser), die meisten Betriebe nahmen sich Ausstattung und äußere Erscheinung vor. So bedeutete S-Klassen-Tuning meist Spoilerpakete, ausgefallene oder exzentrische Lackierungen etwa in „Metalflake" oder in Edelmetallanmutung (wenn es nicht gleich wirklich Gold war), Sonderräder mit Niederquerschnittreifen (und Tieferlegung) und natürlich die Veredelung der Innenräume.

Nun mag man das Innere der S-Klasse vielleicht ein wenig nüchtern für ein Auto der Luxusklasse halten, aber dafür war es natürlich nach Art der Sindelfinger gediegen und fein und edel. Aber wer's mag und sich das auch leisten kann, wünscht sich vielleicht Plüsch und Samt und Seide und noch mehr Edelmetall und den Falkenkopf als Schaltknauf (sehr beliebt im arabischen Raum) und – weit verbreitet – wattstarke und üppig dimensionierte Musikanlagen (ganz schick und ganz neu und so was von hip: mit Fernbedienung vom Fond aus), dazu Fernseher und Minibar, das Fach für die Kalaschnikow (die Waffe natürlich in Wagenfarbe) und vielleicht die einst schwer angesagte und oft parodierte bumerangförmige Antenne auf dem Kofferdeckel.

Limousinen nach derartiger Verwandlung waren übrigens gern auch Chauffeurautos; der Eigner ließ fahren und genoss den Luxus. Coupés, Cabrios und Flügeltürer waren eher etwas für den Selbstfahrer. Beides passt hervorragend: Wo, wenn nicht in der S-Klasse, mag man gerne hinten sitzen, aber welches Auto führe man nicht selbst gern, weil es sich halt so gut fahren lässt wie eben Benzens Bester?

KOENIG-SPECIALS

Ferrari – Mercedes – Jaguar – BMW – car tuning

Karosserieveredelung – technisches Tuning
Unser Leistungsangebot:
- Umgebaute Neufahrzeuge (auch Leasing)
- Umbau Ihres Fahrzeuges (auch Leasing)
- Karosserie-Umbaukits mit TÜV und Montageanleitung
- Tuning und leistungssteigerndes Zubehör (Auspuffanlagen etc.)
- Exclusive Innenausstattungen (Leder, HiFi, Video, etc.)

Erleben Sie die Faszination – fahren Sie einen exclusiv aufgewerteten Mercedes von KOENIG SPECIALS.

Body Styling – Tuning
The service offer:
- Tuned New Cars (Leasing also)
- Tuning of your car (Leasing also)
- Body styling kits and tuning parts with TÜV-certificate and assembly instruction
- Tuning and power increase equipment (exhaust systems etc.)
- Exclusive interior appointments (leather, hifi, video, etc.)

Experience The Fascination – drive a exclusively modified Mercedes from KOENIG SPECIALS.

SEC Cabrio von KOENIG-SPECIALS: elegant und sportlich
Koenig Karosserieumbau: Front- und Heckschürze, Kotflügelverbreiterung vorne und hinten, Seitenschweller, Heckspoiler, Heckflügel, Seitenspiegel und Breitbereifung;
vorne: 285/40 VR 15 R auf 10" x 15 Koenig-BBS-Felgen
hinten: 345/35 VR 15 R auf 13" x 15 Koenig-BBS-Felgen

SEC Cabrio from KOENIG SPECIALS – elegant and sporty, with Koenig body styling: front- and rear skirt, rear spoiler, rear wing, front and rear flared wheel arches, side skirts, rear view mirrors, wide wheels: front 285/40 VR 15 on 10" x 15 Koenig-BBS-rims, rear 345/35 VR 15 on 13" x 15 Koenig-BBS-rims.

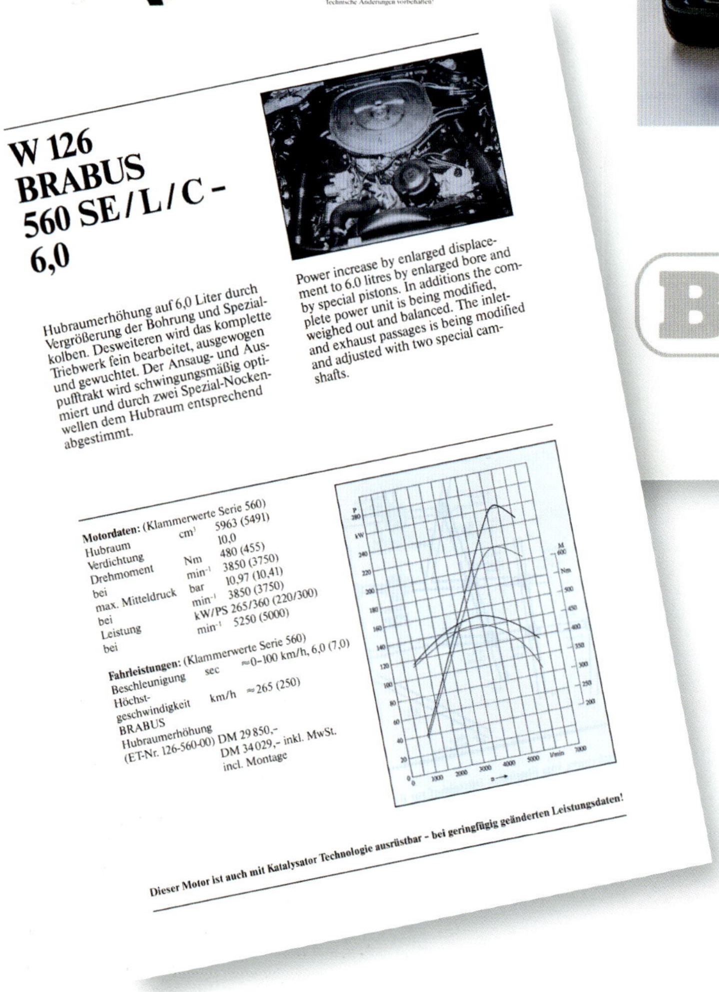

W 126 BRABUS 560 SE / L / C - 6,0

Hubraumerhöhung auf 6,0 Liter durch Vergrößerung der Bohrung und Spezialkolben. Desweiteren wird das komplette Triebwerk fein bearbeitet, ausgewogen und gewuchtet. Der Ansaug- und Auspufftrakt wird schwingungsmäßig optimiert und durch zwei Spezial-Nockenwellen dem Hubraum entsprechend abgestimmt.

Power increase by enlarged displacement to 6.0 litres by enlarged bore and by special pistons. In additions the complete power unit is being modified, weighed out and balanced. The inlet- and exhaust passages is being modified and adjusted with two special camshafts.

Motordaten: (Klammerwerte Serie 560)

Hubraum	cm³	5963 (5491)
Verdichtung		10,0
Drehmoment	Nm	480 (455)
bei	min⁻¹	3850 (3750)
max. Mitteldruck	bar	10,97 (10,41)
bei	min⁻¹	3850 (3750)
Leistung	kW/PS	265/360 (220/300)
bei	min⁻¹	5250 (5000)

Fahrleistungen: (Klammerwerte Serie 560)

Beschleunigung	sec	≈0–100 km/h, 6,0 (7,0)
Höchstgeschwindigkeit	km/h	≈265 (250)
BRABUS Hubraumerhöhung (ET-Nr. 126-560-00)		DM 29 850,– DM 34 029,– inkl. MwSt. incl. Montage

Dieser Motor ist auch mit Katalysator Technologie ausrüstbar – bei geringfügig geänderten Leistungsdaten!

Sechs Liter, 360 PS: Sechs Sekunden von null auf hundert versprechen die Spezialisten von Brabus in Bottrop.

Von den Tunern haben nicht alle überlebt, obwohl sich in jener vergleichsweise kurzen und schrillen Ära märchenhafte Summen mit märchenhaften Umbauten vorzugsweise für die Potentaten aus den Ländern der Märchen aus tausendundeiner Nacht verdienen ließen. Geblieben sind vor allem die exzellenten Techniker, und so sind AMG, Brabus, Koenig und Lorinser noch heute feste Größen im Mercedes-Tuning.

Extrem rar: Der ultraseltene Prospekt zeigt auf geradezu verschwenderische Art die Hälfte der Gesamtproduktion. Vom Tiara auf 126-Basis baute Monteverdi nur vier Stück. Immerhin sind davon 75 Prozent erhalten geblieben.

Etwas Feines noch zum Schluss: Den edelsten Umbau der S-Klasse verwirklichte wohl Peter Monteverdi, der mit dem Tiara ein eigenständiges Fahrzeug auf den Markt bringen wollte. Dass die Basis dieses eleganten Autos der W 126 ist, sieht der Kenner äußerlich nur an der Form der Fenster. Eigentlich schuf Monteverdi damals schon eine Art Retrolook, indem er den 126er in eine Edellimousine im Stil der späten 60er verwandelte, inklusive glänzender Chromstoßstangen, die Mercedes mit dem Vorläufer W 116 bereits hinter sich gelassen hatte. Es wurden nur vier Exemplare gebaut, von denen noch drei existieren.

INFO: 0178 6768012

Der W 126 heute

27-PXX-4
RV FY 2H

30 Jahre danach – ein Fall für Kenner, Liebhaber und Sammler

Wie steht es um unsere Titelhelden heute? Die 126er erfreuen sich bei Sammlern und Liebhabern weltweit deutlich zunehmender Beliebtheit. Die Teileversorgung kann – wenn auch auf teilweise überaus hohem Preisniveau – mit Ausnahme einiger Ausstattungs-Elemente im Innenraum als hervorragend bezeichnet werden.

15 Jahre nach Produktionsschluss widmet die italienische Klassiker-Zeitschrift *Automobilsmo d'Epoca* der Baureihe 126 eine überaus ausführliche Kaufberatung und titelt „Luxus und Technologie zum Preis eines Cityflitzers", denn die Gebrauchtpreise werden – je nach Motorisierung, Erhaltungszustand, Ausstattung und Laufleistung zwischen 1500 und maximal 10.000 Euro angegeben.

Das hat sich mittlerweile allerdings grundlegend geändert: Heutzutage kann das genannte Preisniveau in allen Lagen als mehr als verdoppelt angenommen werden – Tendenz kräftig steigend. Ein bereits serienmäßig bestens ausgestatteter 560 SEL oder SEC in Topform – etwa mit Fahrwerks-Option wie Hydropneumatik ausgerüstet – kann mit geringer Laufleistung durchaus an der 30.000-Euro-Marke kratzen.

Bei Drucklegung des vorliegenden Buches hat die überwältigende Mehrheit der 126er den Oldtimerstatus erreicht, der beispielsweise in Deutschland zur H-Zulassung berechtigt. Im Klartext: 85 Prozent der einzelnen Modelle sind 30 Jahre alt oder älter, der Rest wird bald folgen.

Übrigens sind längst auch die vielen, vielen mehr oder weniger heftig modifizierten 126er anerkannter Bestandteil der Szene. Eine Zeit lang galten namentlich die großzügig verspoilerten oder gar Breitbauversionen als eher degoutant. Nachdem aber zumindest Autos im AMG-Trimm immer schon wenigstens eine Art Sonderstatus besaßen, sind heute die schrägen und bisweilen extravaganten Derivate gern gesehen und werden als Exponenten einer wilden Tuningphase gesehen, in die der W 126 hineinplatzte wie ein lang entbehrtes Genussmittel. Aus diesem Grund ist den Tunern auch ein größeres Kapitel in diesem Buch gewidmet.

Von den in Anbetracht eines Exportanteils von zwei Dritteln der Produktion nahezu 280.000 im Inland abgesetzten Wagen sind nach einer Statistik des Jahres 2014 ganze fünf Prozent der Limousinen noch zum Verkehr zugelassen, bei den SEC-Coupés beläuft sich diese „Überlebensrate" unverständlicherweise gar nur auf 4,5 Prozent. Das erscheint angesichts der Wertigkeit und der Zuverlässigkeit dieser Autos auf den ersten Blick relativ wenig zu sein.

Die in den Achtzigern noch vergleichsweise gering entwickelte Rostvorsorge hat wohl nicht wenige vernachlässigte Exemplare der frühen Produktion dahingerafft, kann aber nicht der Hauptgrund für die geringe Restpopulation sein. Schon eher ist zu bedenken, dass viele 126er als Gebrauchtwagen exportiert oder aber als künftige Liebhaberobjekte „weggestellt" wurden. Ihre historische Bedeu-

Ultraseltenes Kristallgrün: In den 90er Jahren kamen nach den leuchtenden Farben der späten 60er und 70er Jahre teils ausgefallene Farbtöne hinzu. Etwa das mittlerweile Kultstatus genießende Bornit oder eben Kristallgrün wie auf dieser Langlimousine.

Oben: Coupé-Parade: Im normalen Straßenverkehr sind die 126er in der Tat rar geworden, auf Treffen sind dann aber erstaunlich große Mengen zu bewundern.

Links: Gute Figur: Ganz gleich, ob im Serienzustand oder wie hier mit Lorinser-Teilen modifiziert – die Liebhaber der Baureihe kümmern sich meistens vorbildlich um ihren Mercedes.

Aktuelle Bilder: Die Baureihe ist derart beliebt, dass es vom Hersteller tatsächlich noch Werksbilder ganz jungen Datums gibt, aufgenommen ein wenig im Stil der alten Zeit.

tung wird auch durch den beginnenden Einzug in die Automuseen belegt – so gesehen in Reims in der Champagne und in Fichtelberg im oberfränkischen Fichtelgebirge.

Über mangelnde Betreuung kann sich der Liebhaber der Baumusterfamilie 126 wahrlich nicht beklagen – nicht nur der Hersteller bemüht sich vor allem in Sachen Teileversorgung redlich. Bei den großen Markenclubs und Typgruppenregistern werden die Mitglieder in sozialer Einbindung bestens betreut. Bei Redaktionsschluss im Sommer 2018 nehmen sich folgende Organisationen und Vereinigungen der 126er und ihrer Eigner an:

Mercedes-Benz Interessengemeinschaft e.V.
mit Typreferenten 126
c/o Stefan Rackette
Clubzeitschrift „Ponton-Kurier"
www.mbig.de
info@mbig.de

Mercedes-Benz S-Klasse e.V.
mit Typreferenten 126
Clubzeitschrift „Sternstunde"
info@s-klasse-club.de

Damals beliebt, heute noch begehrt: SEC im AMG-Trimm waren schon immer etwas besonderes, und bei Treffen wie den Schönen Sternen in Hattingen sieht man veritable Prachtexemplare.

Schöne Sterne 2017: Zum Treffen von *mercedes-fans.de* kommen viele 126er, darunter immer wieder gerne aufgemotzte wie dieser im vollen AMG-Ornat.

Selten geworden: Makellose 280 SE sind nicht mehr allzu häufig zu sehen. Der hier trägt Schiebedach zur Barockfelge, schaltet automatisch und hat ein zeitgenössisches Radio und außer Velours ansonsten nicht viel.

Internationale Fangemeinde: Die 126er sind im In- und im Ausland gleichermaßen beliebt. Dieser war 2017 Teil einer kleinen Kolonne, die auf eigener Achse aus der Ukraine nach Hattingen gereist war.

Frankfurts ältestes Taxi: Siegfried Kuderer hatte die Nase voll von der anfälligen Elektronik in modernen Autos und setzt in seinem Taxibetrieb tatsächlich einen 300 SEL, Baujahr 1988, ein. Ansonsten war die S-Klasse als Taxi eher in der Minderheit.

Sankt Pauli bei Tag: In seiner dritten Laufbahn ist dieser 126er nach Limousinengeburt und Bestatter-Dasein als Werbeträger und rollende Bar für einen Szeneladen mit Bikerhintergrund unterwegs.

Original und topgepflegt: Viele 126er-Eigner kümmern sich liebevoll um ihre Schätzchen. Die mit Stahlrädern ausgestatteten S-Klassen erhielten später auch die Radzierblenden mit Edelstahlring.

Streng genommen kein Tuning: Den bestirnten Peilstab führten viele Eigner in Japan an ihrer S-Klasse.

Gab es nicht als Sonderausstattung: Der Stern in gold passt immerhin zum dunklen Blau.

Sternenkreuzer: Rheinland, Schottland und der Todesstern aus „Star Wars" sind die Stationen dieses Reisemobils.

C 126 Exotenclub: So nennt sich eine Gruppe begeisterter Fans, die sich erstmals zum Treffen „Schöne Sterne" in Hattingen traf und dort nun regelmäßig aufläuft. Dort nimmt sich niemand zu ernst, erlaubt ist, was gefällt, und alle haben enormen Spaß.

Technische Daten

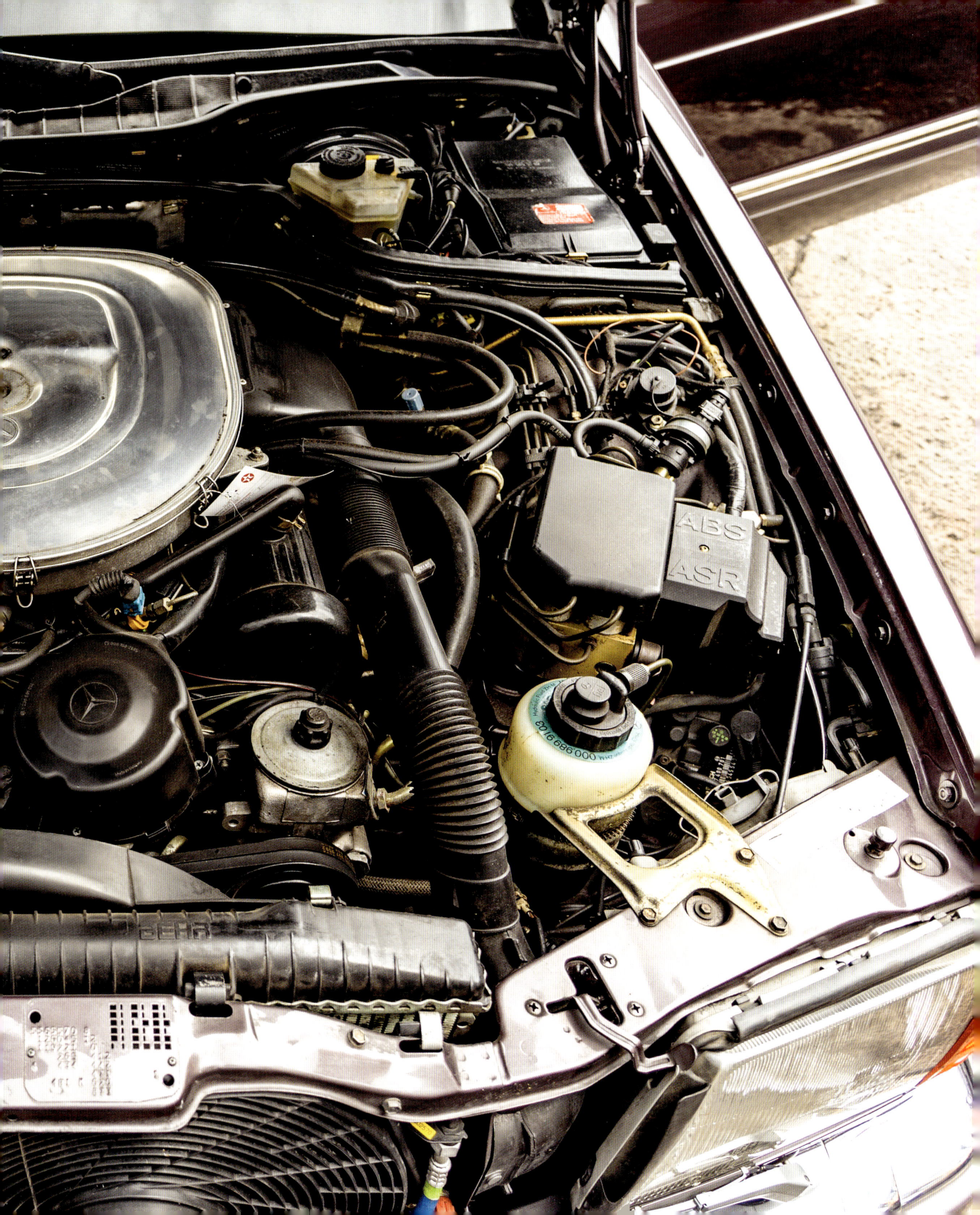
ABS
ASR
BEHR

Modell	280 S	280 SE
Baumuster	(W 126 V 28, Bm. 126.021)	(W 126 E 28, Bm. 126.022) 280 SEL (V 126 E 28, Bm. 126.023)
Produktionszeit	Dez. 1979 – Nov. 1985	Dez. 1979 – Sept. 1985 SEL: Juni 1980 – Sept. 1985
Motor	Reihen-6-Zyl. M 110.924 ab Sept.1981: M 110.926	Reihen-6-Zyl. M 110.987 ab Sept. 1981: M 110.989
Bohrung x Hub; Hubraum	86 x 78,8 mm; 2746 cm^3	
PS (kW) bei n/min	156 (115) bei 5500/min	185 (136) bei 5800/min
Verdichtung	9,0	
Ventile, Steuerung	2 obenliegende Nockenwellen (dohc)	
Gemischaufbereitung	1 Doppelregistervergaser, Solex 4 A 1	mechan. Benzineinspritzung Bosch KA-Jetronic
Batterie	12 V 55 Ah	
Kühlmittelmenge	10,5 Liter	
Getriebe	mechan. 4-Gang-Getriebe	
Lenkung	Kugelumlauf-Servolenkung	
Bremsen	2-Kreis-Vierrad-Scheibenbremsen	
Bereifung	195/70 R 14 89 H	195/70 VR 14
Radstand; Spur vorne/hinten	2935 mm; 1545/1517 mm	SE: 2935 mm; 1545/1517 mm SEL: 3075 mm; 1545/1517 mm
Gesamtabmessungen	4995 x 1820 x 1430 mm	SE: 4995 x 1820 x 1430 mm SEL: 5135 x 1820 x 1434 mm
Leergewicht (Basisausrüst.)	1560 kg	SE: 1560 kg; SEL: 1590 kg
Tankinhalt	90 Liter	
Höchstgeschwindigkeit	200 km/h	210 km/h

380 SE	500 SE	300 SD/USA
(W 126 E 38, Bm. 126.032) 380 SEL (V 126 E 38, Bm. 126.033)	(W 126 E 50, Bm. 126.036) 500 SEL (V 126 E 50, Bm. 126.037)	(V 126 D 30 A, Bm. 126.120)
Jan. 1980 – Sept. 1985 SEL: Juni 1980 – Sept. 1985	Januar 1980 – August 1991 SEL: Juni 1980 – Februar 1992	Okt. 1980 – Aug. 1985
V-8-Zylinder M 116.961 ab Sept. 1981: M 116.963	V-8-Zylinder M 117.961 ab Sept. 1981: M 117.963	Reihen-5-Zyl.-Diesel OM 617.951; mit Abgas-Turbolader
92 x 71,8 mm; 3818 cm^3 ab Sept. 81: 88 x 78,9 mm; 3839 cm^3	96,5 x 85 mm; 4973 cm^3	90,9 x 92,4 mm; 2998 cm^3
218 (160) bei 5500/min ab Sept. 1981: 204 (150) bei 5250/min	240 (177) bei 4750/mm; ab Sept. 1981: 231 (170) bei 4750/min; ab Sept. 1985: RÜF 245 (180) bei 4700/min	123 (91) bei 4350/min ab Sept. 1983: 125 (92) bei 4350/min
9,0; ab Sep. 1981: 9,4	8,8; ab Sept. 1981: 9,2;	21,5, ab Sept. 1985: 9,0
2 x 1 obenliegende Nockenwelle (2 x sohc)		1 obenliegende Nockenwelle
mechan. Benzineinspritzung Bosch KA-Jetronic	mechan. Benzineinspritzung Bosch KA-Jetronic: ab Sept. 1985 elektron.-mechan. gesteuerte Einspr. KE III-Jetronic	Diesel-Reiheneinspritzpumpe Bosch
12 V 66 Ah		12 V 90 Ah; ab Sept. 1983: 12 V 92 Ah
12,5 Liter	13 Liter	12 Liter
4-Gang-Wandler-Automatik		
Kugelumlauf-Servolenkung		
2-Kreis-Vierrad-Scheibenbremsen; ab Januar 1985 mit Blockierverhinderer (ABS)		2-Kreis-Vierrad-Scheibenbremsen; ab Sept. 1984 mit Blockierverhinderer (ABS)
205/70 VR 14	205/70 VR 14; ab Sept. 1985: 205/65 VR 15	195/70 SR 14 oder 195/70 R 14 90 S ab Sept. 1984: 205/70 R 14 93 H
SE: 2935 mm; 1545/1517 mm SEL: 3075 mm; 1545/1517 mm	SE: 2930 mm; 1545/1517 mm; ab Sept. 85: 2930 mm; 1555/1527 mm; SEL: 3070 mm; 1545/1517 mm; ab Sept. 85: 3070 mm; 1555/1527 mm	2935 mm; 1545/1517 mm
SE: 4995 x 1820 x 1430 mm SEL: 5135 x 1820 x 1440 mm	SE: 4995 x 1820 x 1436 mm; ab Sept. 85: 5020 x 1820 x 1437 mm; SEL: 5135 x 1820 x 1440 mm; ab Sept. 85: 5160 x 1820 x 1441 mm	5145 x 1820 x 1430 mm
SE: 1595 kg; SEL: 1615 kg (ab Sept. 85: 1670 kg)	SE: 1620 kg; SEL: 1655 kg (ab Sept. 85: 1670 kg)	1715 kg
90 Liter		77 Liter
220 km/h	230 km/h; ab Sept. 1981: 225 km/h; ab Sept. 1985: 230 km/h	170 km/h

Modell	**260 SE**	**300 SE**
Baumuster	(W 126 E 26, Bm. 126.020)	(W 126 E 30, Bm. 126.024) 300 SEL (V 126 E 30, Bm. 126.025)
Produktionszeit	Juni 1985 – Feb. 1991	August 1985 – Okt. 1991
Motor	Reihen-6-Zyl. M 103.941	Reihen-6-Zyl. M 103.981
Bohrung x Hub; Hubraum	82,9 x 80,25 mm; 2599 cm³	88,5 x 80,25 mm; 2962 cm³
PS (kW) bei n/min	RÜF 166 (122) bei 5800/min KAT 160 (118) bei 5800/min	RÜF 188 (138) bei 5700/min KAT 180 (132) bei 5700/min
Verdichtung	9,2	
Ventile, Steuerung	1 obenliegende Nockenwelle (sohc)	2 x 1 obenliegende Nockenwelle (2 x sohc)
Gemischaufbereitung	mechan.-elektron. gesteuerte Benzineinspritzung Bosch KE III-Jetronic	
Batterie	12 V 62 Ah	
Kühlmittelmenge	8 Liter	
Getriebe	mechanisches 5-Gang-Getriebe	
Lenkung	Kugelumlauf-Servolenkung	
Bremsen	2-Kreis-Vierrad-Scheibenbremsen	
Bereifung	205/65 VR 15	
Radstand; Spur vorne/hinten	2935 mm; 1555/1527 mm	SE: 2935 mm; 1555/1527 mm; SEL: 3075mm; 1555/1527 mm
Gesamtabmessungen	5020 x 1820 x 1437 mm	SE: 5020 x 1820 x 1437 mm; SEL: 5160 x 1820 x 1441 mm
Leergewicht (Basisausrüst.)	1510 kg	SE: 1510 kg; SEL: 1540 kg
Tankinhalt	90 Liter	
Höchstgeschwindigkeit	200–205 km/h	205–210 km/h

420 SE	**560 SEL**	**300 SDL Turbo/USA**
(W 126 E 42, Bm. 126.034) 420 SEL (V 126 E 42, Bm. 126.035)	(V 126 E 56, Bm. 126.039)	(V 126 D 30 A, Bm. 126.125)
Juni 1985 – Dez. 1991 300 SEL: August 1985 – August 1991	September 1985 – April 1992 420 SEL: Juni 1985 – Okt. 1991	Januar 1986 – September 1987
V-8-Zyl. M 116.965	V-8-Zyl. M 117.968	Reihen-6-Zyl.-Diesel OM 603.961 mit Abgas-Turbolader
92,0 x 78,9 mm; 4196cm³	96,5 x 94,8 mm; 5547 cm³	87,0 x 84,0 mm; 2997 cm³
RÜF 218 (160) bei 5200/min KAT 204 (150) bei 5200/min	ECE 300 (220) bei 5000/min RÜF 272 (200) bei 5000/min KAT 242 (178) bei 4800/min	150 (110) bei 4600/min
9,0	ECE 10,0; RÜF und KAT 9,0	22,0
1 obenliegende Nockenwelle		
mechan.-elektron. gesteuerte Benzineinspritzung Bosch KE III-Jetronic		Diesel-Reiheneinspritzpumpe Bosch
12 V 66 Ah	12 V 92 Ah	
13 Liter		10 Liter
4-Gang-Wandler-Automatik mit Programmwähler		4-Gang-Wandler-Automatik
Kugelumlauf-Servolenkung		
2-Kreis-Vierrad-Scheibenbremsen mit Blockierverhinderer (ABS)		
205/65 VR 15	215/65 VR 15	205/65 R 15 93 H
SE: 2935 mm; 1555/1527 mm; SEL: 3075mm; 1555/1527 mm	3070 mm; 1555/1527 mm	3075 mm; 1555/1527 mm
SE: 5020 x 1820 x 1437 mm; SEL: 5160 x 1820 x 1441 mm	5160 x 1820 x 1446 mm	5285 x 1820 x 1441 mm
SE: 1600 kg; SEL: 1630 kg	1810 kg	1740 kg
90 Liter		
210–215 km/h	ECE 250 km/h; RÜF 235 km/h; KAT 225 km/h	193 km/h

Modell	380 SEC	500 SEC
Baumuster	(C 126 E 38, Bm. 126.043)	(C 126 E 50, Bm. 126.044)
Produktionszeit	Oktober 1981 – September 1985	Oktober 1981 – September 1991
Motor	V-8-Zylinder M 116.963	V-8-Zylinder M 117.963; ab Sept. 1985: M 117.965
Bohrung x Hub; Hubraum	88 x 78,9 mm; 3839 cm^3	96,5 x 85 mm; 4973 cm^3
PS (kW) bei n/min	204 (150) bei 5250/min	bis Sept. 1985: 231 (170) bei 4750/min ab Sept. 1985: RÜF 245 (180) bei 4750/min KAT 233 (164) bei 4700/min
Verdichtung	9,4	9,2; ab Sept. 1985: 9,0
Ventile, Steuerung	2 x 1 obenliegende Nockenwelle (2 x sohc)	
Gemischaufbereitung	mechan. Benzineinspritzung Bosch KA-Jetronic	Bosch KA-Jetronic; ab Sept. 1985: Bosch KE III-Jetronic
Batterie	12 V 66 Ah	
Kühlmittelmenge	12,5 Liter	13 Liter
Getriebe	4-Gang-Wandler-Automatik	
Lenkung	Kugelumlauf-Servolenkung	
Bremsen	2-Kreis-Vierrad-Scheibenbremsen	
Bereifung	205/70 VR 14	205/70 VR 14; ab Sept. 1985: 205/65 VR 15
Radstand; Spur vorne/hinten	2850 mm; 1545/1517 mm	2845 mm; 1545/1517 mm; ab Sept. 1985: 2850 mm; 1555/1527 mm
Gesamtabmessungen	4910 x 1828 x 1406 mm	4910 x 1828 x 1406 mm, ab Sept. 1985: 4935 x 1828 x 1407 mm
Leergewicht (Basisausrüst.)	1585 kg	1610 kg; ab Sept. 1985: 1630 kg
Tankinhalt	90 Liter	
Höchstgeschwindigkeit	210 km/h	225 km/h; ab Sept. 1985: 222–230km/h

420 SEC	560 SEC
(C 126 E 42, Bm. 126.046)	(C 126 E 56, Bm. 126.045)
September 1985 – Oktober 1991	September 1985 – Oktober 1991
V-8-Zylinder M 116.965	V-8-Zylinder M 117.968
92,0 x 78,95 mm; 4196 cm^3	96,5 x 94,8 mm; 5547 cm^3
RÜF 218 (160) bei 5200/min KAT 204 (150) bei 5200/min	ECE 300 (220) bei 5000/min RÜF 272 (200) bei 5000/min KAT 242 (178) bei 4800/min
9,0	ECE 10,0; RÜF und KAT 9,0
2 x 1 obenliegende Nockenwelle (2 x sohc)	
elektron.-mechan. gesteuerte Benzineinspritzung Bosch KE III-Jetronic	
12 V 66 Ah	12 V 92 Ah
13 Liter	
4-Gang-Wandler-Automatik	
Kugelumlauf-Servolenkung	
2-Kreis-Vierrad-Scheibenbremsen	
205/65 VR 15	215/65 VR 15
2850 mm; 1555/1527 mm	
4935 x 1828 x 1407 mm	
1600 kg	1750 kg
90 Liter	
210–216 km/h	ECE 250 km/h; RÜF 238 km/h; KAT 228 km/h

Anhang – die 126er-Codes

S·TD 126H

Die 126er-Codes – entschlüsselt und erklärt

Eins vorweg: Die immer wieder angepriesene S-Klasse „mit Vollausstattung" gibt es nicht. Natürlich sind viele Exemplare der in berühmt großer Stückzahl gebauten Baureihe 126 extrem gut ausgestattet, und natürlich gab es auch die „Buchhalter" mit eher kleiner Maschine und vielleicht gar noch mit Handkurbeln für die Seitenfenster und nur einer Handvoll Bedienknöpfe auf der Konsole. Das Thema Ausstattung und natürlich Sonderausstattung aber ist für die meisten Fans spannend und für Käufer und Verkäufer der Klassiker eminent wichtig.

Ein Wort noch zum offenbar unausrottbaren „Vollausstatter" aus der Mercedes-Mythologie: Zumindest in den vergangenen 50 Jahren ließ sich schon aus technischen Gründen gar nicht alles in ein Auto hineinpacken, was es so als Sonderausstattung gab – auch wenn sich die Kundendienstleute gelegentlich wohl alle Mühe gegeben haben, auch Kombinationen möglich zu machen, die so in keiner Preisliste auftauchten.

Um nun möglichst genau Aufschluss zu geben über die Vielfalt hinter den Verschlüsselungen, gestattet dieser große Datenteil den genauen Blick auf die 126er-Codes. Die minutiöse Sammlung, Auswertung und Zusammenstellung verdanken wir Hans-Peter Lange, Diplom-Ingenieur und Leiter des Archivs der Mercedes-Benz Interessengemeinschaft e.V. (MBIG), der sich bereits 2011 um die Veröffentlichung seines Werkes „Die 126er-Codes jetzt entschlüsselt" verdient gemacht hat, das mittlerweile nur noch antiquarisch zu haben ist.

Hans-Peter Lange hat alle in der Vertriebsliteratur erschienenen Codes gesammelt, sie in ihrer ganzen Vielfalt systematisch geordnet und in zahllosen Reihen von Tabellen so detailliert wie übersichtlich dargestellt.

Mit seiner Erlaubnis erscheinen nun in diesem ersten großen Buch über die Baureihe 126 die wichtigsten Tabellen erneut und aktualisiert. Ziel ist es, die Originalität der Fahrzeuge gerade in ihrer unvergleichlichen Vielfalt darzustellen.

Das von Mercedes-Benz herausgegebene interne Handbuch „Code-Übersicht für Sonderausstattungen" listete ebenfalls diese SA-Codes auf, wurde aber zur Unterstützung des Vertriebs regelmäßig aktualisiert – überschrieb also regelmäßig die nicht mehr im aktuellen Angebot befindlichen Sonderausstattungen. Hier sind nun alle, auch die längst in der Datenverarbeitung überschriebenen Codes konserviert und aufgelistet. Der damalige Auslieferungszustand wird nachträglich wieder sichtbar und nachvollziehbar.

Jeder Besitzer kann nun die Codes seines Fahrzeuges selbst entschlüsseln und damit ein Stück weit dessen Originalität überprüfen, ohne sich auf unsichere Internet-Tabellen beziehen zu müssen.

AIRBAG
BECKER MEXICO CASSETTE

Werthaltigkeit und Analyse

Die S-Klasse-Fahrzeuge wurden noch während ihrer langen Produktionsdauer als außergewöhnlich zeitlos und angemessen stilvoll empfunden und früh von Sammlern weltweit als echte Klassiker erkannt.

Trotz des einmalig großen Produktionserfolges, trotz der damit einhergehenden großen Stückzahlen dieses industriellen Großserienproduktes gibt es von dieser S-Klasse eher selten unveränderte Fahrzeuge im Alltagsbetrieb. Insbesondere die Viertürer waren immer hochgeschätzte Reiselimousinen, die ihre hohen Laufstrecken längst absolviert haben. Wenige davon sind noch im originalen Auslieferungs-Zustand, und seltene Exemplare haben noch heute die so geschätzte Jahreswagen-Anmutung mit geringer Laufleistung, die schon immer den Sammler schwach werden ließ.

Fahrzeuge mit diesen Alleinstellungsmerkmalen – und nur diese eignen sich vorrangig als Sammlerobjekte – erscheinen aber kaum mehr auf dem Markt. Weil dies so ist, drängen ehemalige Export-Fahrzeuge nach vorne, etwa aus Japan mit auffallend niedrigen Tachoständen, aus Fernost und Nordamerika kommend, mit von der Sonne geschädigtem Innenraum, mit später nachgerüsteten Ausstattungen und teils mit schier unglaublichen Umbauten.

Manche erfüllten Forderungen, die einer ernsthaften Wirtschaftlichkeitsprüfung nie standhielten, etwa die mehrfach ausgeführte Kombi-Variante. Manche füllten schmalste Marktnischen, wie die äußerst seltenen Bestattervarianten, andere testeten charmant die Stilsicherheit des Beobachters – etwa der komplette Umbau eines Limousinen-Vorderwagens auf die Coupé-Front. Eine werthaltigere Sonderstellung mag den wenigen Cabriolet-Umbauten des SEC zugebilligt werden, wobei nicht alle wirklich gelungen sind.

Ziel dieser Darstellung ist es, dem qualitätsorientierten Liebhaber und Sammler eine detailgenaue Orientierung zu verschaffen, die hilft, den möglichst originalen Zustand seines Fahrzeugs („matching numbers") seriös zu erkennen. Die weitgehende Originalität wird vom Verfasser neben der regelmäßigen Pflege und Wartung als die wesentliche Voraussetzung für fortdauernde Freude und Werterhalt angesehen.

Die MB-Vertriebsliteratur dient dieser Arbeit – und das war bei der Erstausgabe 2011 noch neu – durchgängig als Primär-Quelle, also genauso, wie sie es für den zeitgenössischen Erst-Erwerber war. Die Fahrzeugprospekte, angereichert um die Preislisten, die Pkw-Programm-, die Ausstattungs- und die Zubehör-Kataloge, sind inhaltlich erfasst, vollständig ausgewertet und die Inhalte dann themenbezogen sehr verdichtet dargestellt worden. Eine ausführliche Darstellung der Vertriebsliteratur im bibliothekarischen Sinne erforderte freilich einen mehrere hundert Seiten umfassenden Anhang oder einen getrennten Tabellenband.

Selbstverständlich könnte man eine ähnliche Darstellung über die Vielfalt der Baureihe auch anhand der Service-Informationen für den Werkstattbereich erstellen. Die heute üblichen elektronischen Medien wie die WIS decken den Service-Bedarf bereits hinreichend ab. Sie waren aber ursprünglich nur dem Werkstattpersonal und sind heute bestenfalls engagierten Schraubern zugänglich, und dies nicht einmal vollständig.

Somit wird darauf bewusst verzichtet, zumal die Vertriebsliteratur nun vollständig erfasst ist und die gegebene Vielfalt weit besser darstellt. Auf Kaufberatung oder Marktbewertung wird bewusst verzichtet, da deren Gültigkeitsdauer doch eher begrenzt ist. Angesichts des eher knappen Angebots von überdurchschnittlich guten Fahrzeugen wäre eine Ausstattungsberatung wenig hilfreich, wenn doch schon seit Jahren Fahrzeuge mit knapper so genannter Buchhalter-Ausstattung in gepflegtem Zustand zu Recht einen höheren Wert darstellen als manch stärker strapazierte „Vollausstattung".

Dem generell an der Marke Mercedes-Benz interessierten Leser ebenso wie dem fachkundigen 126er-Liebhaber wird hier ein fundiertes Fachlexikon geboten, das einen präzisen Überblick über die enorme Typenvielfalt ermöglicht und so zu eigenständigen Überlegungen anregt. Für Gutachten ist es in seiner Detailliertheit sicher ein kaum verzichtbares Hilfsmittel.

Ein letzter Hinweis: Zur Datenaufbereitung wurden nur die für den deutschsprachigen Raum (Ländercode 00) bestimmten Vertriebsdruckstücke der Katalog-Reihe 6701 verwendet, also nicht die deutschsprachigen für die Schweiz (Ländercode 01). Die für Europa und Nordamerika bestimmten Druckstücke wurden zwar erfasst, sind hier aber nicht enthalten. Ferner wurden auch die vielfältigen Zubehör-Kataloge der Reihe 6705 für den „After Sales"-Markt unberücksichtigt gelassen, ebenso die vierstelligen Kundenwunsch-Codes (KW-Codes), die Behörden-, Export- und Sonderschutzvarianten, die der Kundschaft nur im Ausnahmefall zugängig waren.

Dipl.-Ing. Hans-Peter Lange
Archivar der MBIG
im Oktober 2018

Inhalt

Meilensteine der Baureihe

September 1979	Präsentation der Limousine auf der IAA in Frankfurt als 280 S mit Vergaser- und als 280 SE/SEL mit Einspritzer-6-Zyl.-Motor, als 380 SE/SEL und 500 SE/SEL mit Einspritzer-8-Zyl.-Motor sowie als 300 SD mit 5-Zyl.-Motor und 125 PS für die USA.
Juli 1981	Einführung des Airbags für den Fahrer und Gurtstraffern für Fahrer und Beifahrer
September 1981	Präsentation des Coupés auf der IAA in Frankfurt als 380 SEC und 500 SEC mit 8-Zyl.-Motor, „Energiekonzept" zur Verbrauchs- und Schadstoffreduzierung der Baureihe, Einführung des mechanischen 5-Gang-Schaltgetriebes für die 6-Zylindermotoren.
Januar 1984	Einführung der Kühlbox im Kofferraum und der Memory-Schaltung für die elektrische Verstellung der Vordersitze.
September 1984	Einführung des Reiserechners, ferner der viersitzigen Coupé-Sitzanlage für den SEL.
September 1985	Präsentation der Modellpflege (Facelift an Stoßfängern und Flankenschutz sowie größere Räder). Geregelter Katalysator für alle Modelle als Sonderausstattung. Für den 280 S kommt der 260 SE als Einstiegsmodell. Der 300 SE stellt die Standardmotorisierung dar. Für den 380 SE kommt der 420 SE als kleinster 8-Zylinder in der Limousine und im Coupé und ergänzt 500 SE/SEL/SEC nach unten. Der 5,6-l-8 Zylinder wird in 560 SEL und 560 SEC mit 272 PS (mit Kat: 242 PS) präsentiert. Mit Sonderausstattungs-Code 822 sind der 560 SEL und 560 SEC mit erhöhter Verdichtung und 300 PS die leistungsstärksten bis dahin gebauten Mercedes-Benz-Serien-Pkws. Einführung des Automatischen Sperrdifferentials ASD für die Sechszylinderfahrzeuge, der Antriebs-Schlupf-Regelung ASR für die Achtzylinderfahrzeuge, der Amaretta-Polsterung (bis Februar 1990) und der elektrisch einstellbaren Lenksäule. Die Windgeräusche erzeugende optionale Dachantenne wird nicht mehr angeboten.
September 1986	Geregelter Katalysator als Serienausstattung bei allen Mercedes-Benz-Pkw-Modellen mit Otto-Motor. Lieferung der Rückrüstfahrzeuge ohne Katalysator gegen Minderpreis. Der 300 SD für den Export in die USA wird durch den 300 SDL ersetzt. Er erhält einen neuen 3-l-Motor mit Turbolader. Der 6-Zyl.-Turbodiesel mobilisiert nun 150 PS, fast 30 mehr als der 5-Zyl.-Motor des Vorgängermodells. Einführung des elektrischen Rollos im Heckfenster, der Fußstützen im Fond für den SEL und des Becker Radio Mexico Compact Disc.
September 1987	Einführung der leistungsgesteigerten Varianten aller V8-Motoren mit elektronischer Kennfeld-Zündung und einem Klopfsensor für jede Zylinderreihe. Die Verdichtung wird auf 1:10 erhöht, die Leistung je nach Modell um 6 bis 10 Prozent gesteigert. Die 300 PS starke ECE-Version des 5,6-l-V8 entfällt ersatzlos, da die RÜF-Ausführung ohne Kat jetzt ebenfalls 300 PS mobilisiert. In der USA-Auslegung für bleifreien Kraftstoff mit 91 ROZ bleiben die Motoren mit 1:9 niedrig verdichtet und leisten 150 kW/204 PS (420 SE/SEL/SEC) bzw. 177 kW/241 PS (560 SEL/SEC). Einführung des Airbags auch für den Beifahrersitz, ferner des Becker Sound-Systems.
August 1988	Änderung der Polstergestaltung („Weichleder") mit schräggerafften Seitenverkleidungen.

September 1988	Präsentation des 560 SE mit normalem Radstand auf dem Pariser Automobil-Salon.
Juni 1989	Der 350 SDL für die USA erhält einen neu entwickelten 3,5-l-6 Zyl.-Motor, wegen Abgasrückführung und Oxidationskatalysator trotz des größeren Hubraums nur mit 136 PS.
August 1989	Die Lieferung der Fahrzeuge ohne Katalysator läuft aus. Eine umfassende Kommunikations-Ausstattung mit Laptop, Telefonie und Fax ist erhältlich.
Juni 1990	350 SD mit normalem Radstand für die USA lieferbar.
Oktober 1990	Einführung des Radios Becker Mexico 2000 mit Fernbedienung.
März 1991	Die Limousine wird nicht mehr angeboten.
September 1991	Das Coupé wird nicht mehr angeboten.
Zwischen August und Oktober 1991	Die Produktion der 126er-Limousinen endet auch für den Export.
April 1992	Die letzten Exemplare der Limousine in Sonderschutz-Ausführung werden fertiggestellt.

Die Antriebs-Schlupf-Regelung (ASR) für Mercedes-Benz-PKW bedeutet erhöhte aktive Sicherheit und sichert besonders bei Kurvenfahrt optimale Seitenführung. Ein Ausbrechen des Wagenhecks wird vermieden.

The acceleration skid control system (ASR) for Mercedes-Benz cars raises the level of active safety and ensures optimum lateral stability, especially in corners, thus preventing the rear end from slewing round.

La régulation antipatinage (ASR) pour voitures particulières Mercedes-Benz est synonyme de sécurité active accrue et assure, en particulier dans les virages, un guidage latéral optimal. On empêche ainsi que la voiture ne chasse à l'arrière.

Mercedes-Benz-Foto 86 034/17 A

Oben links: Rollendes Büro: Den W 126 gab es auf Wunsch mit Telefon, Fax und Computer.

Unten links: Der legendäre Reiserechner: Die Frühform des Bordcomputers wurde per Tastatur auf der Mittelkonsole bedient.

Fahrzeug-Varianten

				angeboten ab Preisliste Nr.	vom	bis Preisliste Nr.	gültig bis
1. Serie							
280 S	W 126 V 28	115 kW / 156 PS / 2746 cm³		28	13.09.1979	44	01.09.1985
280 SE	W 126 E 28	136 kW / 185 PS / 2746 cm³		28	13.09.1979	44	01.09.1985
280 SEL	V 126 E 28	136 kW / 185 PS / 2746 cm³		28	13.09.1979	44	01.09.1985
380 SE	W 126 E 38	160 kW / 218 PS / 3839 cm³		28	13.09.1979	32	30.08.1981
		150 kW / 204 PS / 3839 cm³		33	01.09.1981	44	01.09.1985
		120 kW / 163 PS / 3839 cm³	Kat *)	42	03.09.1984	44	01.09.1985
380 SEL	V 126 E 38	160 kW / 218 PS / 3839 cm³		28	13.09.1979	32	30.08.1981
		150 kW / 204 PS / 3839 cm³		33	01.09.1981	44	01.09.1985
380 SEC	C 126 E 38	150 kW / 204 PS / 3839 cm³		33	01.09.1981	44	01.09.1985
500 SE	W 126 E 50	177 kW / 240 PS / 4973 cm³		28	13.09.1979	32	30.08.1981
		170 kW / 231 PS / 4973 cm³		33	01.09.1981	44	01.09.1985
500 SEL	V 126 E 50	177 kW / 240 PS / 4973 cm³		28	13.09.1979	32	30.08.1981
		170 kW / 231 PS / 4973 cm³		33	01.09.1981	44	01.09.1985
500 SEC	C 126 E 50	170 kW / 231 PS / 4973 cm³		33	01.09.1981	44	01.09.1985
2. Serie							
260 SE	W 126 E 26	122 kW / 166 PS / 2599 cm³	RÜF	45	02.09.1985	52	12.02.1989
		118 kW / 160 PS / 2599 cm³	Kat	45	02.09.1985	52	12.02.1989
		122 kW / 166 PS / 2597 cm³	RÜF	53	13.02.1989	54	30.08.1989
		118 kW / 160 PS / 2597 cm³	Kat	53	13.02.1989	59	03.03.1991
300 SE	W 126 E 30	138 kW / 188 PS / 2962 cm³	RÜF	45	02.09.1985	52	12.02.1989
		132 kW / 180 PS / 2962 cm³	Kat	45	02.09.1985	52	12.02.1989
		138 kW / 188 PS / 2960 cm³	RÜF	53	13.02.1989	54	30.08.1989
		132 kW / 180 PS / 2960 cm³	Kat	53	13.02.1989	59	03.03.1991
300 SEL	V 126 E 30	138 kW / 188 PS / 2962 cm³	RÜF	45	02.09.1985	52	12.02.1989
		132 kW / 180 PS / 2962 cm³	Kat	45	02.09.1985	52	12.02.1989
		138 kW / 188 PS / 2960 cm³	RÜF	53	13.02.1989	54	30.08.1989
		132 kW / 180 PS / 2960 cm³	Kat	53	13.02.1989	59	03.03.1991
420 SE	W 126 E 42	160 kW / 218 PS / 4196 cm³	RÜF	45	02.09.1985	49	10.09.1987
		150 kW / 204 PS / 4196 cm³	Kat	45	02.09.1985	49	10.09.1987
		170 kW / 231 PS / 4196 cm³	RÜF	50	11.09.1987	54	30.08.1989
		165 kW / 224 PS / 4196 cm³	Kat	50	11.09.1987	59	03.03.1991
420 SEL	V 126 E 42	160 kW / 218 PS / 4196 cm³	RÜF	45	02.09.1985	49	10.09.1987
		150 kW / 204 PS / 4196 cm³	Kat	45	02.09.1985	49	10.09.1987
		170 kW / 231 PS / 4196 cm³	RÜF	50	11.09.1987	54	30.08.1989
		165 kW / 224 PS / 4196 cm³	Kat	50	11.09.1987	59	03.03.1991

				angeboten ab Preisliste Nr.	vom	bis Preisliste Nr.	gültig bis
420 SEC	C 126 E 42	160 kW / 218 PS / 4196 cm^3	RÜF	45	02.09.1985	49	10.09.1987
		150 kW / 204 PS / 4196 cm^3	Kat	45	02.09.1985	49	10.09.1987
		170 kW / 231 PS / 4196 cm^3	RÜF	50	11.09.1987	54	30.08.1989
		165 kW / 224 PS / 4196 cm^3	Kat	50	11.09.1987	61	10.09.1991
500 SE	W 126 E 50	180 kW / 245 PS / 4973 cm^3	RÜF	45	02.09.1985	49	10.09.1987
		164 kW / 223 PS / 4973 cm^3	Kat	45	02.09.1985	49	10.09.1987
		195 kW / 265 PS / 4973 cm^3	RÜF	50	11.09.1987	54	30.08.1989
		185 kW / 252 PS / 4973 cm^3	Kat	50	11.09.1987	59	03.03.1991
500 SEL	V 126 E 50	180 kW / 245 PS / 4973 cm^3	RÜF	45	02.09.1985	49	10.09.1987
		164 kW / 223 PS / 4973 cm^3	Kat	45	02.09.1985	49	10.09.1987
		195 kW / 265 PS / 4973 cm^3	RÜF	50	11.09.1987	54	30.08.1989
		185 kW / 252 PS / 4973 cm^3	Kat	50	11.09.1987	59	03.03.1991
500 SEC	C 126 E 50	180 kW / 245 PS / 4973 cm^3	RÜF	45	02.09.1985	49	10.09.1987
		164 kW / 223 PS / 4973 cm^3	Kat	45	02.09.1985	49	10.09.1987
		195 kW / 265 PS / 4973 cm^3	RÜF	50	11.09.1987	54	30.08.1989
		185 kW / 252 PS / 4973 cm^3	Kat	50	11.09.1987	61	10.09.1991
560 SE	W 126 E 56	220 kW / 300 PS / 5547 cm^3	RÜF	52	01.09.1988	54	31.08.1989
		205 kW / 279 PS / 5547 cm^3	Kat	52	01.09.1988	59	03.03.1991
560 SEL	V 126 E 56	220 kW / 300 PS / 5547 cm^3	ECE	45	02.09.1985	49	10.09.1987
		200 kW / 272 PS / 5547 cm^3	RÜF	45	02.09.1985	49	10.09.1987
		178 kW / 242 PS / 5547 cm^3	Kat	45	02.09.1985	49	10.09.1987
		220 kW / 300 PS / 5547 cm^3	RÜF	50	11.09.1987	54	30.08.1989
		205 kW / 279 PS / 5547 cm^3	Kat	50	11.09.1987	59	03.03.1991
560 SEC	C 126 E 56	220 kW / 300 PS / 5547 cm^3	ECE	45	02.09.1985	49	10.09.1987
		200 kW / 272 PS / 5547 cm^3	RÜF	45	02.09.1985	49	10.09.1987
		178 kW / 242 PS / 5547 cm^3	Kat	45	02.09.1985	49	10.09.1987
		220 kW / 300 PS / 5547 cm^3	RÜF	50	11.09.1987	54	30.08.1989
		205 kW / 279 PS / 5547 cm^3	Kat	50	11.09.1987	61	10.09.1991

*) PL 42 mit Hinweis auf internen „Verkaufsbrief" vom 20.01.1984: SA 620 - Kat, Mehrpreis DM 3.306.- einschl. MWSt.
ab PL 43 mit Hinweis auf Lieferbarkeit 380 SE (120 kW) ab sofort

Produktionsdaten

Verkaufsbezeichnung	Konstruktionsbezeichnung	Baumuster		gebaut von	bis	Motor-Typ	M.-Baumuster	Stückzahl*
280 S	W 126 V 28	126.021	Vorserie	Apr-79		M 110 V 28	110.924	
			Serie	Dez-79		M 110 V 28	110.924	
				Okt-81	Nov-85	M 110 V 28	110.926	42.996
280 SE	W 126 E 28	126.022	Vorserie	Feb-79		M 110 E 28	110.987	
			Serie	Dez-79		M 110 E 28	110.987	
				Okt-81	Sep-85	M 110 E 28	110.989	133.955
280 SEL	V 126 E 28	126.023	Vorserie	Dez-79		M 110 E 28	110.987	
			Serie	Jun-80		M 110 E 28	110.987	
				Okt-81	Sep-85	M 110 E 28	110.989	20.655
380 SE	W 126 E 38	126.032	Vorserie	Mai-79		M 116 E 38	116.961	
			Serie	Jan-80		M 116 E 38	116.961	
				Okt-81	Nov-85	M 116 E 38	116.963	58.239
380 SEL	V 126 E 38	126.033	Vorserie	Okt-79		M 116 E 38	116.961	
			Serie	Jun-80		M 116 E 38	116.961	
				Okt-81	Sep-85	M 116 E 38	116.963	27.014
380 SEC	C 126 E 38	126.043	Vorserie	Sep-80		M 116 E 38	116.963	
			Serie	Okt-81	Sep-85	M 116 E 38	116.963	11.267
260 SE	W 126 E 26	126.020	Vorserie	Jun-85		M 103 E 26	103.941	
			Serie	Okt-85	Feb-91	M 103 E 26	103.941	20.836
300 SE	W 126 E 30	126.024	Vorserie	Aug-85		M 103 E 30	103.981	
			Serie	Sep-85	Okt-91	M 103 E 30	103.981	105.422
300 SEL	V 126 E 30	126.025	Vorserie	Aug-85		M 103 E 30	103.981	
			Serie	Sep-85	Aug-91	M 103 E 30	103.981	40.956
420 SE	W 126 E 42	126.034	Vorserie	Jun-85		M 116 E 42	116.965	
			Serie	Sep-85	Dez-91	M 116 E 42	116.965	13.996
420 SEL	V 126 E 42	126.035	Vorserie	Jun-85		M 116 E 42	116.965	
			Serie	Okt-85	Okt-91	M 116 E 42	116.965	74.017
420 SEC	C 126 E 42	126.046	Vorserie	Aug-85		M 116 E 42	116.965	
			Serie	Okt-85	Okt-91	M 116 E 42	116.965	3.680

Verkaufsbezeichnung	Konstruktionsbezeichnung	Baumuster		gebaut von	bis	Motor-Typ	M.-Baumuster	Stückzahl*
500 SE	W 126 E 50	126.036	Vorserie	Sep-79		M 117 E 50	117.961	
			Serie	Jan-80		M 117 E 50	117.961	
				Okt-81	Sep-85	M 117 E 50	117.963	
				Sep-85	Aug-91	M 117 E 50	117.965	33.418
500 SEL	V 126 E 50	126.037	Vorserie	Sep-79		M 117 E 50	117.961	
			Serie	Jun-80		M 117 E 50	117.961	
				Okt-81	Sep-85	M 117 E 50	117.963	
				Sep-85	Feb-92	M 117 E 50	117.965	72.693
500 SEC	C 126 E 50	126.044	Vorserie	Jul-80		M 117 E 50	117.963	
			Serie	Okt-81	Sep-85	M 117 E 50	117.963	
				Sep-85	Sep-91	M 117 E 50	117.965	30.184
560 SE	W 126 E 56	126.038	Serie	Apr-88	Jan-91	M 117 E 56	117.968	1.252
560 SEL	V 126 E 56	126.039	Vorserie	Sep-85		M 117 E 56	117.968	
			Serie	Okt-85	Apr-92	M 117 E 56	117.968	75.071
560 SEC	C 126 E 56	126.045	Vorserie	Jun-85		M 117 E 56	117.968	
			Serie	Okt-85	Okt-91	M 117 E 56	117.968	28.929
Exportmodelle nur für Nordamerika :								
300 SD Turbo	W 126 D 30 A	126.120	Vorserie	Sep-79		OM 617 D 30 A	617.951	
			Serie	Okt-80	Aug-85	OM 617 D 30 A	617.951	78.725
300 SDL Turbo	V 126 D 30 A	126.125		Feb-85	Sep-87	OM 603 D 30 A	603.961	13.830
350 SD Turbo	W 126 D 35 A	126.134		Jun-90	Aug-91	OM 603 D 35 A	603.970	2.066
350 SDL Turbo	V 126 D 35 A	126.135		Jun-90	Aug-91	OM 603 D 35 A	603.970	2.925

* ohne Sonderschutz-Fahrzeuge

Jahres-Produktionszahlen

Verkaufs-bezeichnung	Baumuster	Stückzahl ohne Sonderschutzfahrzeuge													
		1979	1980	1981	1982	1983	1984	1985	1986	1987	1988	1989	1990	1991	1992	Summe
280 S	126.021	408	6.348	7.212	8.761	8.568	6.203	5.496								42.996
280 SE	126.022	812	22.482	26.654	23.287	25.229	22.656	12.835								133.955
280 SEL	126.023	2	887	2.423	3.843	4.302	4.598	4.601								20.655
260 SE	126.020							2.222	6.198	4.657	3.120	2.455	2.100	84		20.836
300 SE	126.024							5.432	18.134	15.104	20.431	20.289	21.058	4.974		105.422
300 SEL	126.025							1.379	4.815	6.886	8.688	10.985	6.428	1.777		40.956
380 SE	126.032	217	7.935	8.603	7.429	8.147	14.618	11.290								58.239
380 SEL	126.033	1	1.648	6.726	8.496	6.270	2.016	1.857								27.014
420 SE	126.034							1.689	4.181	2.704	2.368	1.528	1.345	181		13.996
420 SEL	126.035							6.102	19.238	18.623	9.467	9.181	8.324	3.082		74.017
500 SE	126.036	149	5.312	3.308	3.349	3.646	2.790	3.194	2.351	1.722	1.895	2.676	2.308	718		33.418
500 SEL	126.037	2	2.206	5.942	8.966	12.095	14.808	17.251	4.032	2.163	2.087	1.560	1.331	244	6	72.693
560 SE	126.038										*	*	*	*		1.252
560 SEL	126.039							2.097	16.559	13.494	12.832	12.990	13.728	3.339	32	75.071
380 SEC	126.043		3	945	4.393	3.829	1.310	787								11.267
420 SEC	126.046							275	896	714	593	534	451	219		3.682
500 SEC	126.044		1	726	4.059	6.058	6.664	5.865	2.020	1.107	1.056	1.062	1.067	499		30.184
560 SEC	126.045							989	4.745	5.476	5.012	5.299	5.270	2.138		28.929
Exportmodelle nur für Nordamerika :																
300 SD Turbo	126.120	4	4.857	16.595	18.122	20.291	12.546	6.311								78.725
300 SDL Turbo	126.125							47	8.274	5.509						13.830
350 SD Turbo	126.134												*	*		2.066
350 SDL Turbo	126.135											18	2.032	875		2.925

* Jahreszahlen liegen nicht vor

S-EH 1266

Entwicklung der Verkaufspreise der Fahrzeuge

		in DM einschl. 13 % MwSt., ab 01.07.83 einschl. 14 % MwSt., wie in den Preislisten (PL) angegeben											
PL	**Datum**	**280 S**	**280 SE**	**280 SEL**	**380 SE**	**380 SEL**	**500 SE**	**500 SEL**	**380 SEC**	**500 SEC**			
28	13.09.1979	35.877,50	38.815,50	41.188,50	46.669,00	49.042,00	50.680,50	56.161,00					
29	24.03.1980	37.290,00	40.341,00	42.804,40	48.510,90	50.974,30	52.680,60	58.364,50 *					
30	09.06.1980	37.290,00	40.341,00	42.804,40	48.510,90	50.974,30	52.680,60	58.364,50					
31	04.08.1980	37.990,60	41.098,10	43.606,70	49.426,20	51.934,80	54.127,00	59.460,60					
32	20.07.1981	39.290,10	42.510,60	45.098,30	51.121,20	53.708,90	55.980,20	61.505,90					
33	01.09.1981	39.437,00	42.804,40	45.392,10	51.776,60	54.364,30	56.635,60	62.161,30	69.495,00	73.902,00			
34	04.01.1982	40.510,50	43.979,60	46.635,10	53.200,40	55.855,90	58.195,00	63.845,00	71.416,00	75.936,00			
35	26.07.1982	41.776,10	45.369,50	48.081,50	54.884,10	57.596,10	60.342,00	66.218,00	74.071,50	79.043,50			
36	01.09.1982	42.262,00	45.855,40	48.567,40	55.370,00	58.082,00	60.342,00	66.218,00	74.071,50	79.043,50			
37	08.12.1982	42.262,00	45.855,40	48.567,40	55.370,00	58.082,00	60.342,00	66.218,00	74.071,50	79.043,50			
38	01.07.1983	42.636,00	46.261,20	48.997,20	55.860,00	58.596,00	60.876,00	66.804,00	74.727,00	79.743,00			
39	15.08.1983	43.890,00	47.617,80	50.445,00	57.513,00	60.340,20	62.643,00	68.742,00	77.292,00	82.422,00			
40	15.09.1983	43.890,00	47.617,80	50.445,00	57.513,00	60.340,20	62.643,00	68.742,00	77.292,00	82.422,00			
41	02.01.1984	45.030,00	48.849,00	51.756,00	59.052,00	61.959,00	64.296,00	70.566,00	80.142,00	85.386,00			
42	03.09.1984	46.341,00	50.274,00	53.295,00	60.762,00	63.783,00	66.747,00	73.188,00	83.049,00	88.464,00			
43	10.12.1984	46.341,00	50.274,00	53.295,00	63.708,90	66.729,90	69.693,90	76.134,90	85.995,90	91.410,90			
44	15.04.1985	47.743,20	52.041,00	55.176,00	65.949,00	69.084,00	72.162,00	78.831,00	89.034,00	94.620,00			
		260 SE	**300 SE**	**300 SEL**	**420 SE**	**420 SEL**	**500 SE**	**500 SEL**	**560 SE**	**560 SEL**	**420 SEC**	**500 SEC**	**560 SEC**
45	02.09.1985	50.673,00	54.891,00	58.596,00	70.623,00	74.328,00	76.437,00	83.904,00		121.410,00	94.563,00	100.377,00	133.608,00
46	16.12.1985	51.585,00	55.860,00	59.679,00	71.877,00	75.696,00	77.805,00	85.443,00		121.410,00	96.273,00	102.201,00	133.608,00
47	01.09.1986	56.373,00	60.648,00	64.467,00	74.385,00	78.204,00	80.199,00	87.837,00		123.804,00	98.667,00	104.595,00	136.002,00
48	02.03.1987	56.373,00	60.648,00	64.467,00	74.385,00	78.204,00	80.199,00	87.837,00		123.804,00	98.667,00	104.595,00	136.002,00
49	01.06.1987	57.969,00	62.358,00	66.291,00	76.494,00	80.427,00	82.536,00	90.345,00		127.338,00	101.517,00	107.559,00	139.935,00
50	11.09.1987	57.969,00	62.358,00	66.291,00	76.494,00	80.427,00	82.536,00	90.345,00		127.338,00	101.517,00	107.559,00	139.935,00
51	01.02.1988	59.337,00	63.840,00	67.887,00	78.318,00	82.365,00	84.531,00	92.511,00		130.416,00	103.968,00	110.181,00	143.298,00
52	01.09.1988	61.047,00	65.550,00	69.426,00	80.028,00	83.904,00	86.241,00	93.195,00	125.400,00	130.416,00	104.652,00	110.865,00	143.469,00
53	13.02.1989	62.301,00	66.918,00	70.908,00	81.681,00	85.671,00	88.065,00	95.133,00	128.022,00	133.152,00	106.818,00	113.202,00	146.490,00
54	09.03.1989	62.301,00	66.918,00	70.908,00	81.681,00	85.671,00	88.065,00	95.133,00	128.022,00	133.152,00	106.818,00	113.202,00	146.490,00
55	01.09.1989	62.301,00	66.918,00	70.908,00	81.681,00	85.671,00	88.065,00	95.133,00	128.022,00	133.152,00	106.818,00	113.202,00	146.490,00
56	02.01.1990	64.068,00	68.856,00	72.960,00	84.075,00	88.179,00	90.687,00	97.869,00	131.727,00	137.028,00	109.896,00	116.508,00	150.765,00
57	16.02.1990	64.068,00	68.856,00	72.960,00	84.075,00	88.179,00	90.687,00	97.869,00	131.727,00	137.028,00	109.896,00	116.508,00	150.765,00
58	01.10.1990	66.177,00	71.136,00	75.354,00	86.868,00	91.086,00	93.708,00	101.118,00	136.059,00	141.531,00	113.544,00	120.384,00	155.724,00
59	02.01.1991	66.177,00	71.136,00	75.354,00	86.868,00	91.086,00	93.708,00	101.118,00	136.059,00	141.531,00	113.544,00	120.384,00	155.724,00
60	04.03.1991										113.544,00	120.384,00	155.724,00
61	03.06.1991										116.964,00	123.975,00	160.398,00

*nur mit HPF plus 3.051,00, HPF = Hydropneumatische Federung

Preisliste
Mercedes-Benz
Personenwagen und Sonderausstattungen
Ausgabe Nr. 28
gültig ab 13. 9. 1979

Preisliste
Mercedes-Benz
Personenwagen und Sonderausstattungen
Ausgabe Nr. 29
gültig ab 24. 3. 1980

Preisliste
Mercedes-Benz
Personenwagen und Sonderausstattungen
mit und ohne Umsatzsteuer
Ausgabe Nr. 30
gültig ab 9. 6. 1980

Preisliste
Mercedes-Benz
Personenwagen und Sonderausstattungen
Ausgabe Nr. 31
gültig ab 4. 8. 1980

Preisliste
Mercedes-Benz
Personenwagen und Sonderausstattungen
Ausgabe Nr. 32
gültig ab 20. 7. 1981

Preisliste
Mercedes-Benz
Personenwagen und Sonderausstattungen
Ausgabe Nr. 33
gültig ab 1. 9. 1981

Preisliste
Mercedes-Benz
Personenwagen und Sonderausstattungen
Ausgabe Nr. 34
gültig ab 4. 1. 1982

Preisliste
Mercedes-Benz
Personenwagen und Sonderausstattungen
Ausgabe Nr. 46
gültig ab 16. 12. 1985

Preisliste
Mercedes-Benz
Personenwagen und Sonderausstattungen
Ausgabe Nr. 47
gültig ab 01. 09. 1986

MERCEDES-BENZ
Preisliste
Personenwagen und Sonderausstattungen
Ausgabe Nr. 50
gültig ab 11. September 1987

MERCEDES-BENZ
Preisliste
Personenwagen und Sonderausstattungen
Ausgabe Nr. 53
gültig ab 13. Februar 1989

Mercedes-Benz
Preisliste
Personenwagen und Sonderausstattungen
Gültig ab
16. Februar 1990

Bezeichnungen der Polsterungen nach Farb- und Materialgruppe sortiert

Farbgruppe (FG)							Stoff	Fabric	Tissu	Tela
1	031	051	071				schwarz	black	noir	negro
2	032	052	072				blau	blue	bleu	azul
3	033	053	073				brasil	brazil	brésil	brasilado
4	034	054	074				dattel	light brown	datte	dátil
5	035	055					creme	cream	crème	crema
			075				cremebeige	cream beige	beige	beige crema
6	036						olive	green	olive	oliva
		056	076				dunkelolive	dark green	vert foncé	verde oliva
				076			piniengrün	fir green	vert pin	verde pino
7	037						siena	sienna	sienne	siena
		057					hennarot	henna red	brun rouge	rojo
			077				mittelrot	medium red	grenat	rojo medio
8	038	058	078				grau	grey	gris	gris
FG							**MB-Tex**	**MB-Tex**	**MB-Tex**	**MB-Tex**
1	131	151	171				schwarz	black	noir	negro
2	132	152	172				blau	blue	bleu	azul
3	133	153	173				brasil	brazil	brésil	brasilado
4	134	154	174				dattel	light brown	datte	dátil
5	135	155					creme	cream	crème	crema
			175				cremebeige	cream beige	beige	beige crema
6	136						olive	green	olive	oliva
		156	176				dunkelolive	dark green	vert foncé	verde oliva
				176			piniengrün	fir green	vert pin	verde pino
7	137						siena	sienna	sienne	siena
		157					hennarot	henna red	brun rouge	rojo
			177				mittelrot	medium red	grenat	rojo medio
8	138	158	178				grau	grey	gris	gris
FG							**Leder**	**Leather**	**Cuir**	**Cuero**
1	231	251	271		261		schwarz	black	noir	negro
2	232	252	272		262		blau	blue	bleu	azul
3	233	253	273		263		brasil	brazil	brésil	brasilado
4	234	254	274		264		dattel	light brown	datte	dátil
5	235	255					creme	cream	crème	crema
			275		265		cremebeige	cream beige	beige	beige crema
6	236						olive	green	olive	oliva

		256	276				dunkelolive	dark green	vert foncé	verde oliva
				276	266		piniengrün	fir green	vert pin	verde pino
7	237						siena	sienna	sienne	siena
		257					hennarot	henna red	brun rouge	rojo
			277		267		mittelrot	medium red	grenat	rojo medio
8	238	258	278		268		grau	grey	gris	gris
FG							**Amaretta**	**Amaretta**	**Amaretta**	**Amaretta**
1		871					anthrazit	anthracite	anthracite	antracita
2		872					blau	blue	bleu	azul
3		873					brasil	brazil	brésil	brasilado
4		874					dattel	light brown	datte	dátil
5		875					cremebeige	cream beige	beige	beige crema
6		876					dunkelolive	dark green	vert foncé	verde oliva
			876				piniengrün	fir green	vert pin	verde pino
7		877					mittelrot	medium red	grenat	rojo medio
8		878					grau	grey	gris	gris
FG							**Velours**	**Velours**	**Velours**	**Velours**
1	931						schwarz	black	noir	negro
		951	971		961		anthrazit	anthracite	anthracite	antracita
2	932	952	972		962		blau	blue	bleu	azul
3	933	953	973		963		brasil	brazil	brésil	brasilado
4	934	954	974		964		dattel	light brown	datte	dátil
5	935	955					creme	cream	crème	crema
			975		965		cremebeige	cream beige	beige	beige crema
6	936						olive	green	olive	oliva
		956	976				dunkelolive	dark green	vert foncé	verde oliva
				976	966		piniengrün	fir green	vert pin	verde pino
7	937						siena	sienna	sienne	siena
		957					hennarot	henna red	brun rouge	rojo
			977		967		mittelrot	medium red	grenat	rojo medio
8	938	958	978		968		grau	grey	gris	gris
FG							**Velours**	**Velours**	**Velours**	**Velours**
1		941	921	941			anthrazit/grau	anthracite/grey	anthracite/gris	antracita/gris
2		942	922	942			blau/grau	blue/grey	bleu/gris	azul/gris
3		943	923	943			brasil/dattel	brazil/light brown	brésil/datte	brasilado/dátil

Aufpreise für Polsterung

einschl. 13% USt, gem. Preisliste	Nr.	vom	Leder	Velours	Amaretta
Polsterung gem. Musterkarte, **Aufpreise 280 S bis 500 SE mit GA Stoff**	28	13.09.1979	1.841,90	1.559,40	-
(Grundausstattung Velours für 500 SEL und alle SEC, nicht dargestellt)	29	24.03.1980	1.909,70	1.615,90	-
	30	09.06.1980	1.909,70	1.615,90	-
	31	04.08.1980	1.943,60	1.644,15	-
	32	20.07.1981	2.017,05	1.711,95	-
	33	01.09.1981	2.017,05	1.711,95	-
	34	04.01.1982	2.073,55	1.757,15	-
	35	26.07.1982	2.180,90	1.808,00	-
	36	01.09.1982	2.180,90	1.808,00	-
	37	08.12.1982	2.180,90	1.808,00	-
einschl. 14% USt	38	01.07.1983	2.200,20	1.824,00	-
	39	15.08.1983	2.268,60	1.881,00	-
	40	15.09.1983	2.268,60	1.881,00	-
	41	02.01.1984	2.325,60	1.926,60	-
	42	03.09.1984	2.371,20	1.966,50	-
	43	10.12.1984	2.371,20	1.966,50	-
	44	15.04.1985	2.473,80	2.029,20	-
Polsterung gem. Musterkarte, **Aufpreise 260 SE bis 500 SE mit GA Stoff** (alle Polsterungen ohne Aufpreis für 560-Varianten ab 09/85)					
Aufpreis für Amaretta für 300 SEL und 420 SEL mit Coupé-Sitzanlage, andere nicht dargestellt	45	02.09.1985	2.473,80	2.029,20	2.280,00
Aufpreis für Amaretta für 300 SEL und 420 SEL mit Coupé-Sitzanlage, andere nicht dargestellt	46	16.12.1985	2.536,50	2.069,10	2.397,00
Aufpreis für Amaretta für 300 SEL und 420 SEL mit Coupé-Sitzanlage, andere nicht dargestellt	47	01.09.1986	2.576,40	2.074,80	2.397,00
Aufpreis für Amaretta für 300 SEL und 420 SEL mit Coupé-Sitzanlage, andere nicht dargestellt	48	02.03.1987	2.576,40	2.074,80	2.397,00
Aufpreis für Amaretta für 300 SEL und 420 SEL mit Coupé-Sitzanlage, andere nicht dargestellt	49	01.06.1987	2.656,20	2.137,50	2.468,10
Aufpreis für Amaretta für 300 SEL und 420 SEL mit Coupé-Sitzanlage, andere nicht dargestellt	50	11.09.1987	2.656,20	2.137,50	2.468,10
Aufpreis für Amaretta für 300 SEL und 420 SEL mit Coupé-Sitzanlage, andere nicht dargestellt	51	01.02.1988	2.718,90	2.188,80	2.530,80
Aufpreis für Amaretta für 260 SE bis 500 SE, andere nicht dargestellt	52	01.09.1988	3.135,00	2.188,80	2.530,80
Aufpreis für Amaretta für 260 SE bis 500 SE, andere nicht dargestellt	53	13.02.1989	3.197,70	2.234,40	2.587,80
Aufpreis für Amaretta für 260 SE bis 500 SE, andere nicht dargestellt	54	09.03.1989	3.197,70	2.234,40	2.587,80
Aufpreis für Amaretta für 260 SE bis 500 SE, andere nicht dargestellt	55	01.09.1989	3.197,70	2.234,40	2.587,80
Aufpreis für Amaretta für 260 SE bis 500 SE, andere nicht dargestellt	56	02.01.1990	3.271,80	2.291,40	2.650,50
Amaretta nicht mehr angeboten	57	16.02.1990	3.271,80	2.291,40	-
	58	01.10.1990	3.374,40	2.365,50	-
	59	02.01.1991	3.374,40	2.365,50	-

Bewertung: weitgehend lineare Kostensteigerung der Aufpreise mit der Besonderheit, dass mit der Einführung von „Softleder" in 09/88 ein kräftiger Zuschlag für Leder erhoben wurde, während die Aufpreise für Velours und Amaretta im üblichen Rahmen linear stiegen.

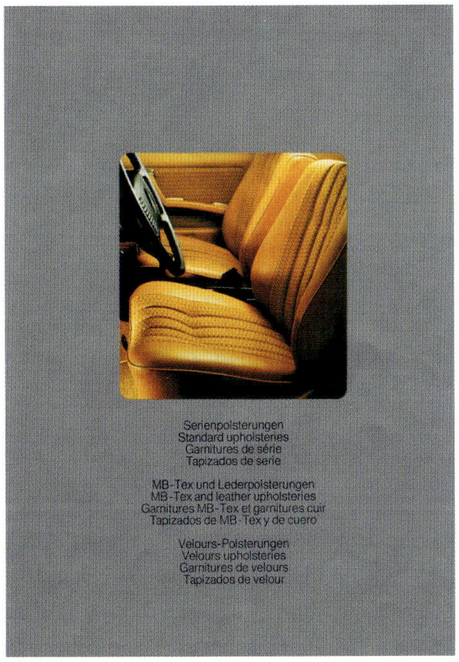
Serienpolsterungen
Standard upholsteries
Garnitures de série
Tapizados de serie
MB-Tex und Lederpolsterungen
MB-Tex and leather upholsteries
Garnitures MB-Tex et garnitures cuir
Tapizados de MB-Tex y de cuero
Velours-Polsterungen
Velours upholsteries
Garnitures de velours
Tapizados de velour

Serienpolsterungen
Standard upholsteries
Garnitures de série
Tapizados de serie
MB-Tex und Lederpolsterungen
MB-Tex and leather upholsteries
Garnitures MB-Tex et garnitures cuir
Tapizados de MB-Tex y de cuero
Velours-Polsterungen
Velours upholsteries
Garnitures de velours
Tapizados de velour

Mercedes-Benz
Polsterungen
Upholsteries
Garnitures
Tapizados

Mercedes-Benz Personenwagen
Die Polsterungen
The Upholsteries
Les Garnitures
Los Tapizados

Mercedes-Benz Personenwagen
Die Polsterungen
The Upholsteries
Les Garnitures
Los Tapizados

Mercedes-Benz Personenwagen
Die Polsterungen · The Upholsteries
Les Garnitures · Los Tapizados

Codes der Lackierungen erstmaliger Einsatz **fett**, letzter Einsatz unterstrichen

						ab	zuletzt	nicht mehr
						MM JJ	MM JJ	MM JJ
Serie	040	**schwarz**	black	noir	negro	04 79	01 92	
Metallic	122	**perlmuttgrau**	pearl grey	gris nacré	gris perla	06 86	01 92	
Serie	147	**arcticweiß**	arctic white	blanc arctique	blanco ártico	07 85	01 92	
Metallic	172	**anthrazitgrau**	anthracite grey	gris anthracite	gris anthracita	04 79	01 92	
Metallic	199	**blauschwarz**	blue black	noir métal	negro azulado	05 84	01 92	
Metallic	249	**malachit**	malachite	malachite	malaquita	03 90	01 92	
Metallic	254	**nachtgrün**	pine green	vert nuit	verde noche	06 86	08 89	03 90
Metallic	256	**kristallgrün**	crystal green	vert cristal	verde cristalino	12 90	01 92	
Metallic	261	**nelkengrün**	willow green	vert célandon	verde clavo	06 86	09 90	12 90
Sonder	312	**labradorblau**	labrador blue	bleu labrador	azul	06 82	12 83	05 84
Metallic	348	**perlblau**	pearl blue	bleu perle	azul perla	03 90	01 92	
Metallic	355	**diamantblau**	diamond blue	bleu diamant	azul diamante	05 84	08 89	03 90
Serie	427	**braun**	russet brown	brun	marrón	06 82	12 83	05 84
Metallic	432	**bisonbraun**	havana brown	brun negresco	marrón bisonte	06 86	08 89	03 90
Metallic	441	**impala**	impala brown	brun impala	beige impala	06 86	01 92	07 92
Sonder	444	**sandbeige**	sand beige	beige sable	pardo	06 82	11 85	06 86
Serie	459	**maroonbraun**	maroon brown	brun colombie	pardo castaña	05 84	12 86	12 86
Metallic	473	**champagner**	champagne	champagne	champán	04 79	01 88	06 88
Sonder	476	**goldbraun**	golden brown	brun-or	pardo dorado	04 79	06 81	07 81
Serie	476	goldbraun	golden brown	brun-or	pardo dorado	07 81	12 81	06 82
Serie	479	**moorbraun**	walnut brown	brun étang	pardo laguna	04 79	06 81	07 81
Metallic	480	**manganbraun**	manganese brown	brun manganése	pardo oscuro	04 79	11 85	06 86
Metallic	481	**bornit**	bornite	bornite	bornita	03 90	01 92	
Sonder	482	**apricotorange**	apricot orange	orange-abricot	naranja pastel	04 79	06 81	07 81
Sonder	501	**orientrot**	orient red	rouge d'Orient	rojo oriente	04 79	12 83	05 84
Serie	504	**englischrot**	english red	rouge anglais	rojo ingés	04 79	12 81	06 82
Metallic	512	**almandinrot**	almandine red	almandin	rojo almandino	06 88	01 92	
Serie	540	**barolorot**	barolo red	bordeaux	rojo barolo	05 84	01 92	
Sonder	568	**signalrot**	signal red	rouge pompier	rojo vivo	04 79	11 85	06 86
Serie	568	signalrot	signal red	rouge pompier	rojo vivo	06 86	01 92	
Metallic	581	**inkarot**	inca red	rouge Inka	rojo inca	04 79	06 81	07 81
Serie	585	**altrot**	mesa red	rouge ancien	rojo	06 82	12 83	05 84
Metallic	587	**pajettrot**	pajett red	rouge cornaline	rojo lentejuela	05 84	01 92	07 92
Sonder	618	**mimosengelb**	mimosa yellow	mimosa	amarillo mimosa	04 79	06 81	07 81
Sonder	623	**hellelfenbein**	light ivory	ivoir claire	marfil claro	04 79	11 85	06 86
Serie	623	hellelfenbein	light ivory	ivoir claire	marfil claro	06 86	01 92	
Serie	651	**pueblobeige**	pueblo beige	beige mexicain	beige pueblo	06 86	01 92	07 92

						ab	zuletzt	nicht mehr
Serie	673	**saharagelb**	sahara yellow	jaune sahara	amarillo sahara	04 79	12 83	05 84
Sonder	680	**heliosgelb**	sun yellow	jaune héliotrope	amarillo helios	04 79	12 81	06 82
Serie	681	**weizengelb**	manila beige	jaune céréal	amarillo trigo	04 79	04 85	07 85
Sonder	684	**taigabeige**	pastel beige	beige taiga	beige taiga	04 79	11 85	06 86
Serie	690	**hellocker**	light ochre	ocre clair	ocre claro	07 85	12 86	12 86
Metallic	702	**rauchsilber**	smoke silver	argent cendré	plata ahumada	05 84	01 92	
Metallic	735	**astralsilber**	astral silver	argent astral	plateado astral	04 79	01 88	06 88
Metallic	735	astralsilber	astral silver	argent astral	plateado astral	11 88	09 90	12 90
Serie	737	**classicweiß**	classic white	blanc classic	blanco clásico	04 79	04 85	07 85
Sonder	740	**pastellgrau**	pastel grey	gris pastel	gris pastel	04 79	12 81	06 82
Metallic	744	**brilliantsilber**	zircon silver	argent adamantin	plata diamante	12 90	01 92	
Metallic	745	**kristallsilber**	crystal silver	argent cristral	plata cristral	06 88	06 88	11 88
Serie	751	**liasgrau**	ascot grey	gris moyen	gris	06 82	09 90	12 90
Serie	752	**carraragrau**	carrara grey	gris carrare	gris carrara	12 90	01 92	07 92
Serie	803	**riedgrün**	moss green	vert étang	verde	06 82	11 85	06 86
Serie	815	**achatgrün**	agate green	vert agate	verde agate	06 86	09 90	12 90
Sonder	822	**eibengrün**	forest green	vert if	verde oscuro	06 82	11 85	06 86
Sonder	875	**mangogrün**	mango green	vert mangue	verde mango	04 79	12 81	06 82
Metallic	876	**zypressengrün**	cypress green	vert cyprès	verde ciprés	04 79	11 85	06 86
Metallic	877	**petrol**	blue green	pétrole	petrol	04 79	11 88	08 89
Serie	880	**agavengrün**	cactus green	vert agave	verde ágave	04 79	12 81	06 82
Metallic	881	**silberdistel**	thistle green	chardon argenté	cardo plateado	04 79	11 85	06 86
Metallic	888	**beryll (ab 07/90)**	beryll	béryl	berilo	03 90	01 92	
Serie	900	**surfblau**	deep blue	bleu surf	azul mediano	06 82	09 90	12 90
Sonder	904	**dunkelblau**	midnight blue	bleu foncé	azul oscuro	04 79	11 85	06 86
Serie	904	dunkelblau	midnight blue	bleu foncé	azul oscuro	06 86	01 92	
Metallic	929	**nautikblau**	nautical blue	bleu pacifique	azul náutico	05 84	01 92	
Metallic	930	**silberblau**	silver blue	bleu argent	azul plata	04 79	12 83	05 84
Metallic	932	**lapisblau**	lapis blue	bleu lapis	lazulita	04 79	12 83	05 84
Serie	934	**chinablau**	china blue	bleu de Chine	azul china	04 79	12 81	06 82
Sonder	940	**hansablau**	marine blue	bleu hanséatique	azul alhucema	04 79	12 81	06 82

Codes der Lacke der Anbauteile

	Bug-/Heckschürze, Flankenschutz	
1. Serie		ab
007	mattgrau-metallic	07 79
172	anthrazitgrau-metallic	07 79
174	mattanthrazitgrau	05 82
175	mattgrau	05 82
414	mattbraun-metallic	07 79
2. Serie		
166	violettgrau	03 91
176	muschelgrau	09 85
177	stratusgrau	09 85
211	kiwigrün	09 85
212	taxusgrün	09 85
250	lago	03 90
301	andorblau	09 88
309	rioblau	09 88
477	chinchilla	09 88
515	tartanrot	09 88
521	navarrarot	09 88
526	korsarrot	09 88
611	sinabeige	09 88
631	safaribeige	09 88
700	altograu	09 88
738	satograu	09 88
944	fregattblau	09 85

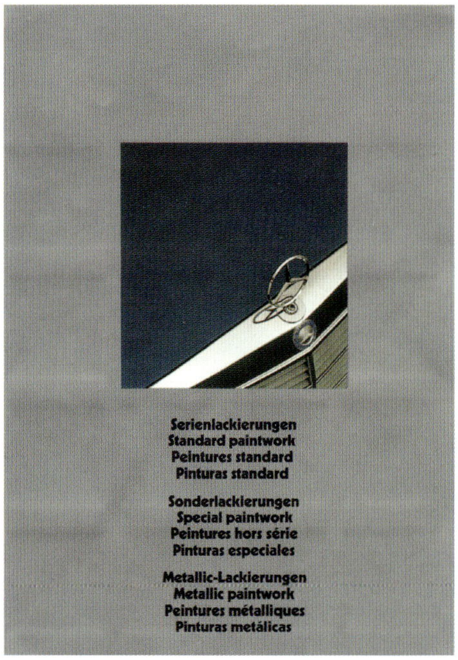

1

2

3

hinzufügt. In diesem Sinn bleibt die S-Klasse auch Vorbild für Wirtschaftlichkeit. Die Sparsamkeit der noch leistungsstärkeren Motoren, die Reife der Konstruktion, wartungsfreie Aggregate und lange Service-Intervalle sorgen für erstaunlich niedrigen Aufwand.

Zuverlässigkeit und Funktions-Sicherheit bewahren vor Ausfallzeiten und überraschenden Kosten.

Vorbildlich auch der Korrosionsschutz: elektrolytisch verzinkte Stahlbleche, elektronisch gesteuerte Hohlraum-Konservierung, das Oberflächen-Schutzsystem mit mehrschichtigem Lackaufbau.

Dazu die Werterhaltung durch den Service von Mercedes-Benz: ein integrierter Teil der Mercedes-Qualität. Betreuung auf dem Anspruchsniveau der S-Klasse-Kunden. Mit rund 1000 Service-Stationen in Deutschland und über 5000 in aller Welt. Mit engagierten, ständig geschulten Fachleuten und einer beispielhaften Ersatzteil-Versorgung. So trägt auch der Kundendienst mit dem Stern zum Rang der S-Klasse bei: Gegenstand der Orientierung.

1 Das Mercedes-Lacksystem entsteht in einer der modernsten Anlagen der Welt. Die anschließende Politur muß gründliche Handarbeit bleiben.

2 Die Tauchgrundierung bei Mercedes-Benz. Nur so ist gesichert, daß die schützende Grundschicht alle Ecken und Hohlräume der Karosserie zuverlässig abdeckt.

3 Fortschrittlichste Technik geht einher mit handwerklicher Sorgfalt. Zum Beispiel bei der Bearbeitung der Edelholzteile.

Lacke für Bug-/Heckschürze, Flankenschutz nach Zahlen-Code sortiert

			erstmaliger Einsatz **fett**, / Anbauteile-Codes in Metallic **fett**									letzter Einsatz unterstrichen		
												ab	zuletzt	nicht mehr
												MM JJ	MM JJ	MM JJ
			1. Serie				2. Serie							
			ab Jun-79	ab Aug-81	ab Mai-82	ab Aug-84	ab Sep-85	ab Jul-86	ab Sep-88	ab Jan-90	ab Mär-91			
Serie	040	**schwarz**	**172**	**172**	174	174	177	177	700	700	700	04 79	01 92	
Metallic	122	**perlmuttgrau**						177	700	700	700	06 86	01 92	
Serie	147	**arcticweiß**					177	177	738	738	738	07 85	01 92	
Metallic	172	**anthrazitgrau**	**172**	**172**	174	174	176	176	176	176	176	04 79	01 92	
Metallic	199	**blauschwarz**				175	177	177	700	700	700	05 84	01 92	
Metallic	249	**malachit**									211	03 90	01 92	
Metallic	254	**nachtgrün**						177	211	211		06 86	08 89	03 90
Metallic	256	**kristallgrün**									211	12 90	01 92	
Metallic	261	**nelkengrün**						177	211	211		06 86	09 90	12 90
Sonder	312	**labradorblau**			175							06 82	12 83	05 84
Metallic	348	**perlblau**									301	03 90	01 92	
Metallic	355	**diamantblau**				175	944	944	301	301		05 84	08 89	03 90
Serie	427	**braun**			**414**							06 82	12 83	05 84
Metallic	432	**bisonbraun**						477	477	477		06 86	08 89	03 90
Metallic	441	**impala**						477	477	477	477	06 86	01 92	07 92
Sonder	444	**sandbeige**			**414**	**414**	477					06 82	11 85	06 86
Serie	459	**maroonbraun**				**414**	477	477				05 84	12 86	12 86
Metallic	473	**champagner**	**414**	**414**	**414**	**414**	477	477				04 79	01 88	06 88
Sonder	476	**goldbraun**	**414**									04 79	06 81	07 81
Serie	476	goldbraun		**414**								07 81	12 81	06 82
Serie	479	**moorbraun**	**414**									04 79	06 81	07 81
Metallic	480	**manganbraun**	**414**	**414**	**414**	**414**	477					04 79	11 85	06 86
Metallic	481	**bornit**									166	03 90	01 92	
Sonder	482	**apricotorange**	**414**									04 79	06 81	07 81
Sonder	501	**orientrot**	**172**	**172**	174							04 79	12 83	05 84
Serie	504	**englischrot**	**414**	**414**								04 79	12 81	06 82
Metallic	512	**almandinrot**							521	521	521	06 88	01 92	
Serie	540	**barolorot**				174	176	176	521	521	521	05 84	01 92	
Sonder	568	**signalrot A**	**172**	**172**	174	174	177					04 79	11 85	06 86
Serie	568	signalrot A						176	526	526	526	06 86	01 92	
		signalrot B					176		515	515	515			
Metallic	581	**inkarot**	**414**									04 79	06 81	07 81

Serie	585	**altrot**			**414**							06 82	12 83	05 84
Metallic	587	**pajettrot**				174	176	176	521	521	521	05 84	01 92	07 92
Sonder	618	**mimosengelb**	**172**									04 79	06 81	07 81
Sonder	623	**hellelfenbein**	**414**	**414**	**414**	**414**	176					04 79	11 85	06 86
Serie	623	hellelfenbein A						176	611	611	611	06 86	01 92	
		hellelfenbein B							631	631	631			
Serie	651	**pueblobeige**						176	176	176	176	06 86	01 92	07 92
Serie	673	**saharagelb**	**414**	**414**	**414**							04 79	12 83	05 84
Sonder	680	**heliosgelb**	**172**	**172**								04 79	12 81	06 82
Serie	681	**weizengelb**	**414**	**414**	**414**	**414**						04 79	04 85	07 85
Sonder	684	**taigabeige**	**414**	**414**	**414**	**414**	176					04 79	11 85	06 86
Serie	690	**hellocker**					477	477				07 85	12 86	12 86
Metallic	702	**rauchsilber**				174	176	176	176	176	176	05 84	01 92	
Metallic	735	**astralsilber**	**007**	**007**	175	175	177	177				04 79	01 88	06 88
Metallic	735	astralsilber							177	177		11 88	09 90	12 90
Serie	737	**classicweiß**	**007**	**007**	175	175						04 79	04 85	07 85
Sonder	740	**pastellgrau**	**007**	**007**	175							04 79	12 81	06 82
Metallic	744	**brilliantsilber**									177	12 90	01 92	
Metallic	745	**kristallsilber**										06 88	06 88	11 88
Serie	751	**liasgrau**			175	175	177	177	177	177		06 82	09 90	12 90
Serie	752	**carraragrau**									177	12 90	01 92	07 92
Serie	803	**riedgrün**			174	174	176					06 82	11 85	06 86
Serie	815	**achatgrün**						177	211	211		06 86	09 90	12 90
Sonder	822	**eibengrün**			174	174	176					06 82	11 85	06 86
Sonder	875	**mangogrün**	**172**	**172**	175							04 79	12 81	06 82
Metallic	876	**zypressengrün**	**172**	**172**	174	174	176					04 79	11 85	06 86
Metallic	877	**petrol**	**007**	**007**	175	175	177	177	212			04 79	11 88	08 89
Serie	880	**agavengrün**	**172**	**172**								04 79	12 81	06 82
Metallic	881	**silberdistel**	**172**	**172**	174	174	176					04 79	11 85	06 86
Metallic	888	**beryll (ab 07/90)**									250	03 90	01 92	
Serie	900	**surfblau**			175	175	944	944	301	301		06 82	09 90	12 90
Sonder	904	**dunkelblau**	**007**	**007**	175	175	944					04 79	11 85	06 86
Serie	904	dunkelblau						944	309	309	309	06 86	01 92	
Metallic	929	**nautikblau**				175	944	944	301	301	301	05 84	01 92	
Metallic	930	**silberblau**	**007**	**007**	175							04 79	12 83	05 84
Metallic	932	**lapisblau**	**007**	**007**	175							04 79	12 83	05 84
Serie	934	**chinablau**	**007**	**007**	175							04 79	12 81	06 82
Sonder	940	**hansablau**	**007**	**007**	175							04 79	12 81	06 82

Die Sonderausstattungen

Es wurden die für den deutschen Markt bestimmten Mercedes-Benz-Preislisten **(PL)** Nr. 28 vom 13.09.1979 bis Nr. 61 vom 03.06.1991 ausgewertet. Aufgenommen wurden die mit dreistelligen Codes versehenen Sonderausstattungen **(SA)**.

Die Coupés und ihre Ausstattungen sind in den Preislisten ab Nr. 33 vom 01.09.1981 und die Limousinen bis Nr. 59 vom 02.01.1991 enthalten. Nicht alle mit SA-Code versehenen Ausstattungen waren für Fahrzeuge der BR 126 zugleich aufpreispflichtig, etwa SA 422 – Servolenkung oder SA 876 – Fondbeleuchtung in den Türen.

Nicht aufgenommen wurden die als Kundenwunsch (in der Regel vierstellige **KW**-Nummer) darüber hinaus lieferbaren Ausstattungen, die unter anderem in Verkaufs-Taschenbüchern und vergleichbaren MB-Druckschriften vermerkt sind. Dazu gehörten die Gardinen für Heckscheibe und Fondtüren, die ihrerseits zu Beginn für etwa fünf Monate als SA im Angebot waren, danach nur noch als KW, aber mit der ursprünglichen SA-Nummer versehen.

Ebenso wurden nicht aufgenommen die aufgrund von staatlichen Auflagen und regionalen Erfordernissen geprägten Sonderformen und deren Ausstattung, also etwa die Rechtslenker-, Tropen- und Behördenvarianten.

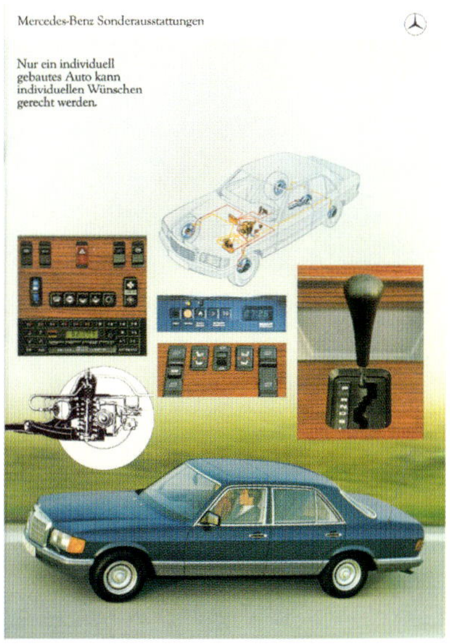

Sonderwünsche: Auf der Liste der Sonderausstattungen finden sich Fuchs- und 15-Lochfelge, die mehr als 3000 Mark teure Kühlbox, Radios natürlich von Becker und in allen (Hoch-) Preisklassen. Auf Kundenwunsch gab es sogar weißes Leder, hier in einem 560 SEC.

Codes der Sonderausstattungen I nach Code sortiert

Die fett gesetzten Codezahlen gelten für die 2. Serie ab Modelljahr 1986, die mageren für die 1. Serie.

		enthalten in den Preislisten	
		von Nr.	bis Nr.
211	Automatisches Sperrdifferential ASD, nur 260 SE, 300 SE, 300 SEL	45/1 v. 12.09.85	59 v. 02.01.91
215	Hydropneumatische Federung, 8-Zyl.-SEL, mit automat. Niveauabsenkung und gesteuerter Dämpfung	47 v. 01.09.86	59 v. 02.01.91
220	Türkontakt Fondtüren	28 v. 13.09.79	35 v. 26.07.82
221	Sitze, Fahrersitz elektrisch verstellbar	28 v. 13.09.79	32 v. 20.07.81
221	Sitze, Vordersitz, elektrisch verstellbar links	33 v. 01.09.81	44 v. 15.04.85
221	Sitze, Vordersitz, elektrisch verstellbar links	45 v. 02.09.85	61 v. 03.06.91
222	Sitze, Beifahrersitz elektrisch verstellbar	28 v. 13.09.79	32 v. 20.07.81
222	Sitze, Vordersitz, elektrisch verstellbar rechts	33 v. 01.09.81	44 v. 15.04.85
222	Sitze, Vordersitz, elektrisch verstellbar rechts	45 v. 02.09.85	61 v. 03.06.91
223	Sitze, Fondsitz, elektrisch verstellbar, SEL	28 v. 13.09.79	44 v. 15.04.85
223	Sitze, Fondsitz, elektrisch verstellbar, SEL	45 v. 02.09.85	59 v. 02.01.91
224	Sitze, Coupé-Sitzanlage, elektrisch verstellbar, SEL	42 v. 03.09.84	44 v. 15.04.85
224	Sitze, Coupé-Sitzanlage, elektrisch verstellbar, SEL	45 v. 02.09.85	59 v. 02.01.91
226	Fußstützen im Fond, SEL	47 v. 01.09.86	59 v. 02.01.91
227	Ascher mit Zigarrenanzünder, beleuchtet in den Fondtüren	41 v. 02.01.84	44 v. 15.04.85
227	Ascher mit Zigarrenanzünder, beleuchtet in den Fondtüren	45 v. 02.09.85	59 v. 02.01.91
228	Zusatzheizung	28 v. 13.09.79	44 v. 15.04.85
228	Zusatzheizung	45 v. 02.09.85	46 v. 16.12.85
228	Standheizung	47 v. 01.09.86	61 v. 03.06.91
240	Außentemperaturanzeige	39 v. 15.08.83	44 v. 15.04.85
240	Außentemperaturanzeige	45 v. 02.09.85	61 v. 03.06.91
241	Sitze, Memory-Schaltung für Vordersitz elektrisch verstellbar, links	39 v. 15.08.83	41 v. 02.01.84
241	Sitze, Vordersitz, elektrisch verstellbar links mit Memory	42 v. 03.09.84	44 v. 15.04.85
241	Sitze, Vordersitz, elektrisch verstellbar links mit Memory	45 v. 02.09.85	61 v. 03.06.91
242	Sitze, Memory-Schaltung für Vordersitz elektrisch verstellbar, rechts	39 v. 15.08.83	41 v. 02.01.84
242	Sitze, Vordersitz, elektrisch verstellbar rechts mit Memory	42 v. 03.09.84	44 v. 15.04.85
242	Sitze, Vordersitz, elektrisch verstellbar rechts mit Memory	45 v. 02.09.85	61 v. 03.06.91
245	Reiserechner	42 v. 03.09.84	44 v. 15.04.85
245	Reiserechner	45 v. 02.09.85	61 v. 03.06.91
248	Heckscheibe, elektrisch heizbar, Verbundglas	28 v. 13.09.79	44 v. 15.04.85
248	Heckscheibe, elektrisch heizbar, Verbundglas	45 v. 02.09.85	59 v. 02.01.91
254	Radio Becker Europa Cassette Kurier LMKU mit integriertem Verkehrsfunk-Decoder	28 v. 13.09.79	28 v. 13.09.79
254	Radio Becker Europa Cassette Vollstereo Kurier LMKU mit integriertem Verkehrsfunk-Decoder	29 v. 24.03.80	34 v. 04.01.82
254	Radio Becker Europa Cassette Vollstereo Kurier LMKU	35 v. 26.07.82	42 v. 03.09.84
254	Radio Becker Europa Cassette electronic Vollstereo Kurier MU	43 v. 10.12.84	44 v. 15.04.85
254	Radio Becker Europa Cassette electronic Vollstereo Kurier MU	45 v. 02.09.85	57 v. 16.02.90

256	Ausgleichgetriebe mit begrenztem Schlupf, nur 8-Zylindermodelle	28 v. 13.09.79	34 v. 04.01.82
256	Ausgleichgetriebe mit begrenztem Schlupf, nur 8-Zylindermodelle	35 v. 26.07.82	44 v. 15.04.85
256	Ausgleichgetriebe mit begrenztem Schlupf, nur 8-Zylindermodelle	45 v. 02.09.85	61 v. 03.06.91
257	Radio Becker Europa Kurier LMKU mit integriertem Verkehrsfunk-Decoder	28 v. 13.09.79	34 v. 04.01.82
257	Radio Becker Europa Kurier LMKU	35 v. 26.07.82	44 v. 15.04.85
257	Radio Becker Europa Kurier LMKU	45 v. 02.09.85	57 v. 16.02.90
258	Radio Becker Mexico Compact Disc electronic Vollstereo Kurier LMKU, einschl. 2 Hecklautsprechern	47 v. 01.09.86	54 v. 01.09.89
258	Radio Becker Mexico Diversity Comp. Disc electronic Vollstereo Kurier LMKU, einschl. 2 Hecklautsprechern	55 v. 01.09.89	61 v. 03.06.91
263	Autotelefon TeKaDe BSA 31 S	28 v. 13.09.79	31 v. 04.08.80
263	Radzierblenden in Flankenschutzfarbe	55 v. 01.09.89	59 v. 02.01.91
265	Autotelefon, Einbauteilesatz TeKaDe BSA 31 S	28 v. 13.09.79	31 v. 04.08.80
273	Autotelefon TeKaDe BSA 33	32 v. 20.07.81	40 v. 15.09.83
273	Autotelefon TeKaDe BSA 33 A	41 v. 02.01.84	43 v. 10.12.84
274	Autotelefon, Einbauteilesatz TeKaDe BSA 33	32 v. 20.07.81	40 v. 15.09.83
274	Autotelefon, Einbauteilesatz TeKaDe BSA 33 A	41 v. 02.01.84	44 v. 15.04.85
274	Autotelefon, Einbauteilesatz TeKaDe BSA 33 A	45 v. 02.09.85	46 v. 16.12.85
274	Autotelefon, Netz B 2, Einbauteilesatz TeKaDe BSA 33 A	47 v. 01.09.86	49 v. 01.06.87
275	Autotelefon, Einbauteilesatz TeKaDe BSA 33 mit klappbarer Konsole	32 v. 20.07.81	40 v. 15.09.83
275	Autotelefon, Einbauteilesatz TeKaDe BSA 33 A mit klappbarer Konsole	41 v. 02.01.84	44 v. 15.04.85
275	Autotelefon, Einbauteilesatz TeKaDe BSA 33 A mit klappbarer Konsole	45 v. 02.09.85	46 v. 16.12.85
275	Autotelefon, Netz B 2, Einbauteilesatz TeKaDe BSA 33 A mit klappbarer Konsole	47 v. 01.09.86	49 v. 01.06.87
276	Autotelefon TeKaDe BSA 33 mit klappbarer Konsole	32 v. 20.07.81	40 v. 15.09.83
276	Autotelefon TeKaDe BSA 33 A mit klappbarer Konsole	41 v. 02.01.84	43 v. 10.12.84
280	Lederlenkrad und -schalthebel	43 v. 10.12.84	44 v. 15.04.85
280	Lederlenkrad und -schalthebel	45 v. 02.09.85	54 v. 01.09.89
280	Lederlenkrad und -schalthebel, Durchmesser 400 mm	55 v. 01.09.89	61 v. 03.06.91
285	Pompadourtasche an Fahrer- und Beifahrerlehne	52 v. 01.09.88	61 v. 03.06.91
286	Gepäcknetz an Fahrer- und Beifahrerlehne	28 v. 13.09.79	44 v. 15.04.85
286	Gepäcknetz an Fahrer- und Beifahrerlehne	45 v. 02.09.85	51 v. 01.02.88
291	Airbag für Fahrer und Beifahrer	50 v. 11.09.87	61 v. 03.06.91
294	Gardine für Heckscheibe	28 v. 13.09.79	28 v. 13.09.79
295	Gardinen für Fondtürscheiben	28 v. 13.09.79	28 v. 13.09.79
300	Edelholzbox zwischen den Vordersitzen	52 v. 01.09.88	61 v. 03.06.91
301	Edelholzbox zwischen Fondsitzen, SEC, bei SEL nur in Verbindung mit Code 224	53 v. 13.02.89	61 v. 03.06.91
307	Kühlbox im Kofferraum	41 v. 02.01.84	44 v. 15.04.85
307	Kühlbox im Kofferraum	45 v. 02.09.85	61 v. 03.06.91
310	Autotelefon, Heckantenne, auch für Taxi-Funk (450 - 470 Mhz)	45 v. 02.09.85	47 v. 01.09.86
310	Autotelefon, Heckantenne Netz C, auch für Taxi-Funk (450 - 470 Mhz)	47/1 v. 01.09.86	61 v. 03.06.91

Codes der Sonderausstattungen II nach Code sortiert

		enthalten in den Preislisten	
		von Nr.	bis Nr.
311	Autotelefon, Netz C, Einbauteilesatz, Becker AT 70, TeKaDe BSA 44	47 v. 01.09.86	49 v. 01.06.87
311	Autotelefon, Netz C, Einbauteilesatz AEG AT 450 C-EBG, Becker AT 70 BS, Philips BSA 44	50 v. 11.09.87	55 v. 01.09.89
312	Autotelefon, Netz C, Einbauteilesatz, Becker AT 70, TeKaDe BSA 44 mit klappbarer Konsole	47 v. 01.09.86	49 v. 01.06.87
312	Autotelefon, Netz C, Ets. AEG AT 450 C-EBG, Becker AT 70 BS, Philips BSA 44 mit klappb. Kons.	50 v. 11.09.87	55 v. 01.09.89
313	Autotelefon, Netz C, AEG-Becker AT 450 C	50 v. 11.09.87	50 v. 11.09.87
313	Autotelefon, Netz C, AEG-Becker AT 450 C-EBG	51 v. 01.02.88	51 v. 01.02.88
314	Autotelefon, Netz C Becker AT 70 BS	47/1 v. 01.09.86	52 v. 01.09.88
315	Autotelefon, Netz C Becker AT 70 BS mit klappbarer Konsole	47/1 v. 01.09.86	52 v. 01.09.88
317	Autotelefon, Netz C Philips BSA 44	47/1 v. 01.09.86	52 v. 01.09.88
318	Autotelefon, Netz C Philips BSA 44 mit klappbarer Konsole	47/1 v. 01.09.86	52 v. 01.09.88
319	Autotelefon, Netz C, AEG-Becker AT 450 C mit klappbarer Konsole	50 v. 11.09.87	50 v. 11.09.87
319	Autotelefon, Netz C, AEG-Becker AT 450 C-EBG mit klappbarer Konsole	51 v. 01.02.88	51 v. 01.02.88
323	Autotelefon und Zubehör, Telefon Einbauteilesatz	56 v. 02.01.90	61 v. 03.06.91
325	Autotelefon C 2 in Ablageschale	56 v. 02.01.90	56 v. 02.01.90
325	Autotelefon C 2 in Ablageschale, einschl. Heckantenne	57 v. 16.02.90	61 v. 03.06.91
326	Autotelefon C 2 in Armlehne vorne	56 v. 02.01.90	56 v. 02.01.90
326	Autotelefon C 2 in Armlehne vorne, einschl. Heckantenne	57 v. 16.02.90	61 v. 03.06.91
328	Autotelefon und Zubehör, Freisprechanlage	58 v. 01.10.90	61 v. 03.06.91
339	Sitze, Fahrersitz niedriger ca. 25 mm	28 v. 13.09.79	31 v. 04.08.80
340	Sitze, Beifahrersitz niedriger ca. 25 mm, nur lieferbar mit Sitzhöhenverstellung	28 v. 13.09.79	31 v. 04.08.80
345	Autotelefon Becker AT 76 S	32 v. 20.07.81	40 v. 15.09.83
345	Autotelefon Becker AT 76 S/I	41 v. 02.01.84	43 v. 10.12.84
345	Autotelefon Becker AT 76 S/II	44 v. 15.04.85	44 v. 15.04.85
345	Autotelefon Becker AT 76 S/II	45 v. 02.09.85	46 v. 16.12.85
346	Autotelefon, Einbauteilesatz Becker AT 76 S	32 v. 20.07.81	40 v. 15.09.83
346	Autotelefon, Einbauteilesatz Becker AT 76 S/I	41 v. 02.01.84	43 v. 10.12.84
346	Autotelefon, Einbauteilesatz Becker AT 76 S/II	43 v. 10.12.84	44 v. 15.04.85
346	Autotelefon, Einbauteilesatz Becker AT 76 S/II	45 v. 02.09.85	46 v. 16.12.85
346	Autotelefon, Netz B 2, Einbauteilesatz Becker AT 76 S/II	47 v. 01.09.86	49 v. 01.06.87
347	Autotelefon, Einbauteilesatz Becker AT 76 S mit klappbarer Konsole	32 v. 20.07.81	40 v. 15.09.83
347	Autotelefon, Einbauteilesatz Becker AT 76 S/I mit klappbarer Konsole	41 v. 02.01.84	43 v. 10.12.84
347	Autotelefon, Einbauteilesatz Becker AT 76 S/II mit klappbarer Konsole	43 v. 10.12.84	44 v. 15.04.85
347	Autotelefon, Einbauteilesatz Becker AT 76 S/II mit klappbarer Konsole	45 v. 02.09.85	46 v. 16.12.85
347	Autotelefon, Netz B 2, Einbauteilesatz Becker AT 76 S/II mit klappbarer Konsole	47 v. 01.09.86	49 v. 01.06.87
348	Autotelefon Becker AT 76 S mit klappbarer Konsole	32 v. 20.07.81	40 v. 15.09.83
348	Autotelefon Becker AT 76 S/I mit klappbarer Konsole	41 v. 02.01.84	43 v. 10.12.84
348	Autotelefon Becker AT 76 S/II mit klappbarer Konsole	44 v. 15.04.85	44 v. 15.04.85

348	Autotelefon Becker AT 76 S/II mit klappbarer Konsole	45 v. 02.09.85	46 v. 16.12.85
351	Autotelefon Becker AT 40 S	28 v. 13.09.79	31 v. 04.08.80
353	Autotelefon, Einbauteilesatz Becker AT 40 S	28 v. 13.09.79	31 v. 04.08.80
354	Dachantenne, auch für Taxi (2m-Band) verwendbar	28 v. 13.09.79	44 v. 15.04.85
355	Heckantenne, auch für Taxi-Funk (2m-Band) verwendbar	28 v. 13.09.79	44 v. 15.04.85
355	Autotelefon, Heckantenne, auch für Taxi-Funk (2m-Band) verwendbar	45 v. 02.09.85	46 v. 16.12.85
355	Autotelefon, Heckantenne, auch für Taxi-Funk (146 - 174 MHz)	47 v. 01.09.86	47 v. 01.09.86
355	Autotelefon, Heckantenne Netz B 2, auch für Taxi-Funk (146 - 174 MHz)	47/1 v. 01.09.86	61 v. 03.06.91
400	Armlehne, klappbar im Fond	37 v. 08.12.82	44 v. 15.04.85
400	Armlehne, klappbar im Fond	45 v. 02.09.85	61 v. 03.06.91
404	Sitze, Fahrerlehne orthopädisch	28 v. 13.09.79	32 v. 20.07.81
404	Sitze, Vordersitzlehne, orthopädisch links	33 v. 01.09.81	44 v. 15.04.85
404	Sitze, Vordersitzlehne, orthopädisch links	45 v. 02.09.85	61 v. 03.06.91
405	Sitze, Beifahrerlehne orthopädisch	28 v. 13.09.79	32 v. 20.07.81
405	Sitze, Vordersitzlehne, orthopädisch rechts	33 v. 01.09.81	44 v. 15.04.85
405	Sitze, Vordersitzlehne, orthopädisch rechts	45 v. 02.09.85	61 v. 03.06.91
410	Schiebedach, elektrisch	29 v. 24.03.80	44 v. 15.04.85
412	Schiebe-Hebe-Dach, elektrisch	45 v. 02.09.85	61 v. 03.06.91
420	Getriebe, automatisch, Mittelschaltung	28 v. 13.09.79	44 v. 15.04.85
420	Getriebe, automatisch, Mittelschaltung, 4-Gang mit Programmwähler	45 v. 02.09.85	59 v. 02.01.91
422	Servolenkung	29 v. 24.03.80	35 v. 26.07.82
422	Servolenkung	37 v. 08.12.82	44 v. 15.04.85
428	Getriebe, mechanisch, Mittelschaltung, 5-Gang	33 v. 01.09.81	44 v. 15.04.85
428	Getriebe, mechanisch, Mittelschaltung, 5-Gang	45 v. 02.09.85	59 v. 02.01.91
430	Kopfstützen im Fond, 2-fach	28 v. 13.09.79	44 v. 15.04.85
430	Kopfstützen im Fond, 2-fach	45 v. 02.09.85	61 v. 03.06.91
440	Tempomat, nur lieferbar bei automatischem Getriebe	28 v. 13.09.79	44 v. 15.04.85
440	Tempomat, nur lieferbar bei automatischem Getriebe	45 v. 02.09.85	61 v. 03.06.91
441	Lenksäule, verstellbar	28 v. 13.09.79	28 v. 13.09.79
441	Lenksäule, elektrisch einstellbar	45 v. 02.09.85	61 v. 03.06.91
442	Airbag (fahrerseitig) mit Gurtstrammer (beifahrerseitig)	32 v. 20.07.81	41 v. 02.01.84
442	Airbag im Lenkrad	42 v. 03.09.84	44 v. 15.04.85
442	Airbag im Lenkrad	45 v. 02.09.85	49 v. 01.06.87
442	Airbag für Fahrer	50 v. 11.09.87	61 v. 03.06.91
451	Drehzahlmesser	28 v. 13.09.79	44 v. 15.04.85
451	Drehzahlmesser	45 v. 02.09.85	61 v. 03.06.91
452	Fanfare Zweiklang	28 v. 13.09.79	44 v. 15.04.85
452	Fanfare Zweiklang	45 v. 02.09.85	61 v. 03.06.91
466	Zentralverriegelung	28 v. 13.09.79	44 v. 15.04.85
466	Zentralverriegelung	45 v. 02.09.85	61 v. 03.06.91

Codes der Sonderausstattungen III nach Code sortiert

		enthalten in den Preislisten	
		von Nr.	bis Nr.
470	Antiblockiersystem ABS	28 v. 13.09.79	44 v. 15.04.85
470	Antiblockiersystem ABS	45 v. 02.09.85	61 v. 03.06.91
471	Antriebs-Schlupfregelung ASR, nur 8-Zylindermodelle	45/1 v. 12.09.85	54 v. 09.03.89
471	Antriebs-Schlupfregelung ASR	55 v. 01.09.89	61 v. 03.06.91
480	Niveauregulierung	28 v. 13.09.79	44 v. 15.04.85
480	Niveauregulierung an der Hinterachse	45 v. 02.09.85	61 v. 03.06.91
487	Hydropneumatische Rundumfederung, 8-Zyl.-SEL	28 v. 13.09.79	28 v. 13.09.79
487	Hydropneumatische Federung, 8-Zyl.-SEL	29 v. 24.03.80	44 v. 15.04.85
487	Hydropneumatische Federung, 8-Zyl.-SEL, bei 560 SEL mit automatischer Niveau-Veränderung	45 v. 02.09.85	46 v. 16.12.85
500	Außenspiegel, links heizbar	42 v. 03.09.84	43 v. 10.12.84
500	Außenspiegel, links beheizt	44 v. 15.04.85	44 v. 15.04.85
502	Außenspiegel, rechts von innen einstellbar	28 v. 13.09.79	28 v. 13.09.79
504	Außenspiegel, rechts von innen elektrisch einstellbar	29 v. 24.03.80	41 v. 02.01.84
504	Außenspiegel, rechts elektrisch einstellbar	42 v. 03.09.84	44 v. 15.04.85
506	Außenspiegel, links und rechts heizbar sowie rechts elektrisch einstellbar	42 v. 03.09.84	44 v. 15.04.85
506	Außenspiegel, rechts elektrisch einstellbar und beheizt	45 v. 02.09.85	51 v. 01.02.88
508	Außenspiegel, links und rechts beheizbar	57 v. 16.02.90	59 v. 02.01.91
508	Außenspiegel, links und rechts beheizt	60 v. 04.03.91	61 v. 03.06.91
510	Radio Becker Mexico Cassette Electronic Kurier MU, einschl. 2 Hecklautsprechern	28 v. 13.09.79	34 v. 04.01.82
510	Radio Becker Mexico Cassette electronic Kurier MU, einschl. 2 Hecklautsprechern	35 v. 26.07.82	36 v. 01.09.82
510	Radio Becker Mexico Cassette electronic Vollstereo Kurier MU, einschl. 2 Hecklautsprechern	37 v. 08.12.82	37 v. 08.12.82
510	Radio Becker Mexico Cassette electronic Vollstereo Kurier LMKU, einschl. 2 Hecklautsprechern	38 v. 01.07.83	44 v. 15.04.85
510	Radio Becker Mexico Cassette electronic Vollstereo Kurier LMKU, einschl. 2 Hecklautsprechern	45 v. 02.09.85	49 v. 01.06.87
510	Radio Becker Mexico Diversity Cassette electronic Vollstereo Kurier MKU, einschl. 2 Hecklautsprechern	50 v. 11.09.87	57 v. 16.02.90
511	Radio Becker Mexico Cassette Vollstereo Reverse MU, einschl. 2 Hecklautsprechern	28 v. 13.09.79	30 v. 09.06.80
511	Radio Becker Grand Prix Cassette electronic Vollstereo Kurier LMU	37 v. 08.12.82	44 v. 15.04.85
511	Radio Becker Grand Prix Cassette electronic Vollstereo Kurier LMU	45 v. 02.09.85	57 v. 16.02.90
512	Radio Becker Europa Cassette LMKU, Rundfunkempfang Mono, Stereo über Cassette	28 v. 13.09.79	28 v. 13.09.79
512	Radio Becker Europa Cassette Vollstereo LMKU	29 v. 24.03.80	36 v. 01.09.82
513	Radio Becker Grand Prix electronic Stereo Kurier LMU	37 v. 08.12.82	44 v. 15.04.85
513	Radio Becker Grand Prix electronic Stereo Kurier LMU	45 v. 02.09.85	55 v. 01.09.89
514	Radio Becker Europa LMKU	28 v. 13.09.79	36 v. 01.09.82
515	Radio Becker Avus Kurier MU	35 v. 26.07.82	44 v. 15.04.85
515	Radio Becker Avus Kurier MU	45 v. 02.09.85	57 v. 16.02.90

516	Radio Becker Grand Prix LMKU	28 v. 13.09.79	34 v. 04.01.82
518	Radio Becker Avus Cassette Kurier MU, Cassette Stereo	37 v. 08.12.82	44 v. 15.04.85
518	Radio Becker Avus Cassette Kurier MU, Cassette Stereo	45 v. 02.09.85	46 v. 16.12.85
518	Radio Becker Avus Cassette electronic Vollstereo Kurier MU	47 v. 01.09.86	57 v. 16.02.90
531	Antenne, automatisch (bei Radioeinbau)	28 v. 13.09.79	44 v. 15.04.85
531	Antenne, automatisch (bei Radioeinbau)	45 v. 02.09.85	55 v. 01.09.89
531	Radiozubehör, Antenne automatisch bei Radioeinbau	56 v. 02.01.90	61 v. 03.06.91
532	Antenne, automatisch (ohne Radioeinbau)	28 v. 13.09.79	44 v. 15.04.85
532	Antenne, automatisch (ohne Radioeinbau)	45 v. 02.09.85	55 v. 01.09.89
533	Entstörung für nachträglichen Radio und FM-Funk	28 v. 13.09.79	38 v. 01.07.83
534	Antenne, mechanisch (ohne Radioeinbau)	28 v. 13.09.79	44 v. 15.04.85
534	Antenne, mechanisch (ohne Radioeinbau)	45 v. 02.09.85	55 v. 01.09.89
537	Radiozubehör, Antenne mechanisch ohne Radioeinbau mit 2 Frontlautsprechern	56 v. 02.01.90	61 v. 03.06.91
538	Radiozubehör, Antenne automatisch ohne Radioeinbau mit 2 Frontlautsprechern	56 v. 02.01.90	61 v. 03.06.91
540	Rollo, elektrisch für Heckfenster, nur in Verbindung mit Code 506	47 v. 01.09.86	61 v. 03.06.91
542	Handschuhkastenschloß	28 v. 13.09.79	44 v. 15.04.85
543	Sonnenblenden mit beleuchtetem Spiegel	28 v. 13.09.79	44 v. 15.04.85
543	Sonnenblenden mit beleuchtetem Spiegel	45 v. 02.09.85	61 v. 03.06.91
550	Anhängevorrichtung mit abnehmbarem Kugelhals	28 v. 13.09.79	44 v. 15.04.85
550	Anhängevorrichtung mit abnehmbarem Kugelhals	45 v. 02.09.85	61 v. 03.06.91
551	Einbruch- und Diebstahl-Alarmanlage	28 v. 13.09.79	28 v. 13.09.79
551	Einbruch- und Diebstahl-Warnanlage	29 v. 24.03.80	44 v. 15.04.85
551	Einbruch- und Diebstahl-Warnanlage	45 v. 02.09.85	61 v. 03.06.91
561	Sitze, Fahrersitz verstärkt	28 v. 13.09.79	32 v. 20.07.81
561	Sitze, Vordersitz, verstärkt links	33 v. 01.09.81	44 v. 15.04.85
561	Sitze, Vordersitz, verstärkt links	45 v. 02.09.85	61 v. 03.06.91
562	Sitze, Beifahrersitz verstärkt	28 v. 13.09.79	32 v. 20.07.81
562	Sitze, Vordersitz, verstärkt rechts	33 v. 01.09.81	44 v. 15.04.85
562	Sitze, Vordersitz, verstärkt rechts	45 v. 02.09.85	61 v. 03.06.91
570	Armlehne, klappbar vorn	28 v. 13.09.79	44 v. 15.04.85
570	Armlehne, klappbar vorn	45 v. 02.09.85	61 v. 03.06.91
572	Sitzhöhenverstellung mit zusätzl. Längsverstellung, Beifahrersitz	28 v. 13.09.79	32 v. 20.07.81
572	Sitzhöhenverstellung mit zusätzl. Längsverstellung, Vordersitz rechts	33 v. 01.09.81	44 v. 15.04.85
572	Sitzhöhenverstellung mit zusätzl. Längsverstellung, Vordersitz rechts	45 v. 02.09.85	59 v. 02.01.91
580	Klimaanlage	28 v. 13.09.79	44 v. 15.04.85
580	Klimaanlage	45 v. 02.09.85	61 v. 03.06.91
581	Klimatisierungsautomatik	28 v. 13.09.79	44 v. 15.04.85
581	Klimatisierungsautomatik	45 v. 02.09.85	61 v. 03.06.91
583	Fensterheber, elektrisch, 2-fach	28 v. 13.09.79	44 v. 15.04.85

Codes der Sonderausstattungen IV nach Code sortiert

		enthalten in den Preislisten	
		von Nr.	bis Nr.
583	Fensterheber, elektrisch, 2-fach	45 v. 02.09.85	52 v. 01.09.88
583	Fensterheber, elektrisch, 2-fach vorn	53 v. 13.02.89	59 v. 02.01.91
584	Fensterheber, elektrisch, 4-fach	28 v. 13.09.79	44 v. 15.04.85
584	Fensterheber, elektrisch, 4-fach	45 v. 02.09.85	61 v. 03.06.91
590	Wärmedämmendes Glas rundum mit heizbarer Heckscheibe Verbundglas	28 v. 13.09.79	44 v. 15.04.85
590	Wärmedämmendes Glas rundum mit Heckscheibe Verbundglas	45 v. 02.09.85	61 v. 03.06.91
592	Wärmedämmendes Glas rundum mit Bandfilter mit Heckscheibe Verbundglas	54 v. 01.09.89	61 v. 03.06.91
596	Wärmedämmendes Glas, klare Windschutzscheibe	42 v. 03.09.84	44 v. 15.04.85
596	Wärmedämmendes Glas, klare Windschutzscheibe	45 v. 02.09.85	53 v. 13.02.89
599	Wärmedämmendes Glas, klare Windschutzscheibe mit Heckscheibe Verbundglas	54 v. 01.09.89	61 v. 03.06.91
600	Scheinwerferwischeranlage	29 v. 24.03.80	44 v. 15.04.85
600	Scheinwerferwischeranlage	45 v. 02.09.85	61 v. 03.06.91
611	Ausstiegsleuchten für Fahrer- und Fondtüren	28 v. 13.09.79	32 v. 20.07.81
611	Ausstiegsleuchten in den Türen	33 v. 01.09.81	44 v. 15.04.85
611	Ausstiegsleuchten in den Türen	45 v. 02.09.85	61 v. 03.06.91
620	Abgasreinigungsanlage (Katalysator-Technik)	45 v. 02.09.85	54 v. 01.09.89
620	Abgasreinigungsanlage	58 v. 01.10.90	61 v. 03.06.91
640	Leichtmetallräder, 5-fach	28 v. 13.09.79	44 v. 15.04.85
640	Leichtmetallräder, 5-fach	45 v. 02.09.85	58 v. 01.10.90
640	Leichtmetallräder, 5-fach 15-Loch	59 v. 02.01.91	61 v. 03.06.91
645	Reifen, M+S-Haft-Gürtelreifen 4-fach	29 v. 24.03.80	44 v. 15.04.85
645	Reifen, M+S Winterreifen	45 v. 02.09.85	61 v. 03.06.91
673	Batterie mit größerer Kapazität	28 v. 13.09.79	44 v. 15.04.85
673	Batterie mit größerer Kapazität	45 v. 02.09.85	45/1 v. 12.09.85
673	Batterie mit größerer Kapazität	51 v. 01.02.88	61 v. 03.06.91
682	Feuerlöscher, montiert, 2 kg Halon	28 v. 13.09.79	44 v. 15.04.85
682	Feuerlöscher, montiert, 2 kg Halon	45 v. 02.09.85	61 v. 03.06.91
731	Holzausführung Wurzelnuß	39 v. 15.08.83	44 v. 15.04.85
731	Holzausführung Wurzelnuß	45 v. 02.09.85	61 v. 03.06.91
750	Radio Becker Europa 2000, einschl. 4 Lautsprechern und Überblendregler	58 v. 01.10.90	61 v. 03.06.91
751	Radio Becker Grand Prix 2000 RDS, einschl. 4 Lautsprechern und Überblendregler	58 v. 01.10.90	61 v. 03.06.91
752	Radio Becker Mexico 2000, einschl. 4 Lautsprechern und Überblendregler	58 v. 01.10.90	61 v. 03.06.91
810	Sound-System, nur mit Code 510	50 v. 11.09.87	53 v. 13.02.89
810	Sound-System, nur mit Code 510 oder 258	54 v. 01.09.89	55 v. 01.09.89
810	Radiozubehör, Sound-System, nur mit Code 510 und 258	56 v. 02.01.90	56 v. 02.01.90
810	Radiozubehör, Sound-System, nur mit Code 258 oder 752	57 v. 16.02.90	61 v. 03.06.91
811	Hecklautsprecher, Mono, 2 Stück mit Überblendregler	28 v. 13.09.79	34 v. 04.01.82

812	Hecklautsprecher, Stereo, 2 Stück mit Überblendregler	28 v. 13.09.79	44 v. 15.04.85
812	Hecklautsprecher, Stereo, 2 Stück mit Überblendregler	45 v. 02.09.85	55 v. 01.09.89
812	Radiozubehör, 2 Hecklautsprecher Stereo mit Überblendregler	56 v. 02.01.90	61 v. 03.06.91
816	Radiozubehör, Fernbedienung für Radio	58 v. 01.10.90	61 v. 03.06.91
821	Abgasreinigungsanlage, Rückrüstung auf Betrieb ohne Katalysator (RÜF)	45 v. 02.09.85	46 v. 16.12.85
822	Leistungsteigerung (ECE) auf 220 kW/300 PS bei 560 SEL/SEC	45 v. 02.09.85	49 v. 01.06.87
835	Kokosmatten, 4-teilig naturfarben	28 v. 13.09.79	44 v. 15.04.85
835	Kokosmatten, 4-teilig naturfarben	45 v. 02.09.85	52 v. 01.09.88
870	Sitzheizung elektrisch, Fahrersitz-Heizung	28 v. 13.09.79	32 v. 20.07.81
870	Sitzheizung elektrisch, Vordersitz links	33 v. 01.09.81	40 v. 15.09.83
871	Sitzheizung elektrisch, Beifahrersitz-Heizung	28 v. 13.09.79	32 v. 20.07.81
871	Sitzheizung elektrisch, Vordersitz rechts	33 v. 01.09.81	40 v. 15.09.83
872	Sitzheizung elektrisch, Fondsitz-Heizung	28 v. 13.09.79	32 v. 20.07.81
872	Sitzheizung elektrisch, Fondsitze	33 v. 01.09.81	44 v. 15.04.85
872	Sitzheizung elektrisch, Fondsitze	45 v. 02.09.85	59 v. 02.01.91
873	Sitzheizung elektrisch, Vordersitze	41 v. 02.01.84	44 v. 15.04.85
873	Sitzheizung elektrisch, Vordersitze	45 v. 02.09.85	61 v. 03.06.91
875	Scheibenwaschanlage, beheizt	53 v. 13.02.89	61 v. 03.06.91
876	Fondbeleuchtung und Türkontakt Fondtüren	28 v. 13.09.79	44 v. 15.04.85
876	Fondbeleuchtung und Türkontakt Fondtüren	45 v. 02.09.85	59 v. 02.01.91
877	Leseleuchten im Fond, 2 Stück	28 v. 13.09.79	44 v. 15.04.85
877	Leseleuchten im Fond, 2 Stück	45 v. 02.09.85	59 v. 02.01.91
	Abgasreinigungsanlage, ohne	47 v. 01.09.86	54 v. 01.09.89
	Lackierung gem. Musterkarte, Metalliclackierung	28 v. 13.09.79	44 v. 15.04.85
	Lackierung gem. Musterkarte, Metalliclackierung	45 v. 02.09.85	46 v. 16.12.85
	Metalliclackierung gem. Musterkarte	47 v. 01.09.86	61 v. 03.06.91
	Lackierung gem. Musterkarte, Sonderlackierung	28 v. 13.09.79	44 v. 15.04.85
	Lackierung gem. Musterkarte, Sonderlackierung	45 v. 02.09.85	46 v. 16.12.85
	Polsterung gem. Musterkarte, Amaretta	45 v. 02.09.85	56 v. 02.01.90
	Polsterung gem. Musterkarte, Leder	28 v. 13.09.79	44 v. 15.04.85
	Polsterung gem. Musterkarte, Leder	45 v. 02.09.85	61 v. 03.06.91
	Polsterung gem. Musterkarte, MB-Tex	28 v. 13.09.79	44 v. 15.04.85
	Polsterung gem. Musterkarte, MB-Tex	45 v. 02.09.85	59 v. 02.01.91
	Polsterung gem. Musterkarte, Stoff	28 v. 13.09.79	44 v. 15.04.85
	Polsterung gem. Musterkarte, Stoff	45 v. 02.09.85	59 v. 02.01.91
	Polsterung gem. Musterkarte, Velours	28 v. 13.09.79	44 v. 15.04.85
	Polsterung gem. Musterkarte, Velours	45 v. 02.09.85	61 v. 03.06.91

Codes der Sonderausstattungen I Alphabetisch nach Schlüsselbegriffen sortiert

Die fett gesetzten Codezahlen gelten für die 2. Serie ab Modelljahr 1986, die mageren für die 1. Serie.

		enthalten in den Preislisten	
		von Nr.	bis Nr.
620	Abgasreinigungsanlage (Katalysator-Technik)	45 v. 02.09.85	54 v. 01.09.89
620	Abgasreinigungsanlage	58 v. 01.10.90	61 v. 03.06.91
821	Abgasreinigungsanlage, Rückrüstung auf Betrieb ohne Katalysator (RÜF)	45 v. 02.09.85	46 v. 16.12.85
ohne	Abgasreinigungsanlage, ohne	47 v. 01.09.86	54 v. 01.09.89
442	**Airbag** (fahrerseitig) mit Gurtstrammer (beifahrerseitig)	32 v. 20.07.81	41 v. 02.01.84
442	Airbag im Lenkrad	42 v. 03.09.84	44 v. 15.04.85
442	Airbag im Lenkrad	45 v. 02.09.85	49 v. 01.06.87
442	Airbag für Fahrer	50 v. 11.09.87	61 v. 03.06.91
291	Airbag für Fahrer und Beifahrer	50 v. 11.09.87	61 v. 03.06.91
550	**Anhängevorrichtung** mit abnehmbarem Kugelhals	28 v. 13.09.79	44 v. 15.04.85
550	Anhängevorrichtung mit abnehmbarem Kugelhals	45 v. 02.09.85	61 v. 03.06.91
531	**Antenne**, automatisch (bei Radioeinbau)	28 v. 13.09.79	44 v. 15.04.85
531	Antenne, **automatisch** (bei Radioeinbau)	45 v. 02.09.85	55 v. 01.09.89
531	Radiozubehör, Antenne automatisch bei Radioeinbau	56 v. 02.01.90	61 v. 03.06.91
532	Antenne, automatisch (ohne Radioeinbau)	28 v. 13.09.79	44 v. 15.04.85
532	Antenne, automatisch (ohne Radioeinbau)	45 v. 02.09.85	55 v. 01.09.89
538	Radiozubehör, Antenne automatisch ohne Radioeinbau mit 2 Frontlautsprechern	56 v. 02.01.90	61 v. 03.06.91
534	**Antenne**, mechanisch (ohne Radioeinbau)	28 v. 13.09.79	44 v. 15.04.85
534	Antenne, **mechanisch** (ohne Radioeinbau)	45 v. 02.09.85	55 v. 01.09.89
537	Radiozubehör, Antenne mechanisch ohne Radioeinbau mit 2 Frontlautsprechern	56 v. 02.01.90	61 v. 03.06.91
470	**Antiblockiersystem ABS**	28 v. 13.09.79	44 v. 15.04.85
470	Antiblockiersystem ABS	45 v. 02.09.85	61 v. 03.06.91
471	**Antriebs-Schlupfregelung** ASR, für 8-Zylinder	45/1 v. 12.09.85	54 v. 09.03.89
471	Antriebs-Schlupfregelung ASR	55 v. 01.09.89	61 v. 03.06.91
570	**Armlehne**, klappbar vorn	28 v. 13.09.79	44 v. 15.04.85
570	Armlehne, klappbar vorn	45 v. 02.09.85	61 v. 03.06.91
400	Armlehne, klappbar im Fond	37 v. 08.12.82	44 v. 15.04.85
400	Armlehne, klappbar im Fond	45 v. 02.09.85	61 v. 03.06.91
227	**Ascher** mit Zigarrenanzünder, beleuchtet in den Fondtüren	41 v. 02.01.84	44 v. 15.04.85
227	Ascher mit Zigarrenanzünder, beleuchtet in den Fondtüren	45 v. 02.09.85	59 v. 02.01.91
256	**Ausgleichsgetriebe** mit begrenztem Schlupf, nur 8-Zylinder	28 v. 13.09.79	34 v. 04.01.82
256	Ausgleichgetriebe mit begrenztem Schlupf, nur 8-Zylinder	35 v. 26.07.82	44 v. 15.04.85
256	Ausgleichgetriebe mit begrenztem Schlupf, nur 8-Zylinder	45 v. 02.09.85	61 v. 03.06.91
502	**Außenspiegel**, rechts von innen einstellbar	28 v. 13.09.79	28 v. 13.09.79
504	Außenspiegel, rechts von innen elektrisch einstellbar	29 v. 24.03.80	41 v. 02.01.84
504	Außenspiegel, rechts elektrisch einstellbar	42 v. 03.09.84	44 v. 15.04.85
506	Außenspiegel, rechts elektrisch einstellbar und beheizt	45 v. 02.09.85	51 v. 01.02.88

500	Außenspiegel, links heizbar	42 v. 03.09.84	43 v. 10.12.84
500	Außenspiegel, links beheizt	44 v. 15.04.85	44 v. 15.04.85
506	Außenspiegel, links und rechts heizbar sowie rechts elektrisch einstellbar	42 v. 03.09.84	44 v. 15.04.85
508	Außenspiegel, links und rechts beheizbar	57 v. 16.02.90	59 v. 02.01.91
508	Außenspiegel, links und rechts beheizt	60 v. 04.03.91	61 v. 03.06.91
240	**Außentemperaturanzeige**	39 v. 15.08.83	44 v. 15.04.85
240	Außentemperaturanzeige	45 v. 02.09.85	61 v. 03.06.91
611	**Ausstiegsleuchten** für Fahrer- und Fondtüren	28 v. 13.09.79	32 v. 20.07.81
611	Ausstiegsleuchten in den Türen	33 v. 01.09.81	44 v. 15.04.85
611	Ausstiegsleuchten in den Türen	45 v. 02.09.85	61 v. 03.06.91
211	**Automatisches Sperrdifferential** ASD, für 6-Zylinder	45/1 v. 12.09.85	59 v. 02.01.91
351	**Autotelefon Becker** AT 40 S	28 v. 13.09.79	31 v. 04.08.80
345	Autotelefon Becker AT 76 S	32 v. 20.07.81	40 v. 15.09.83
345	Autotelefon Becker AT 76 S/I	41 v. 02.01.84	43 v. 10.12.84
345	Autotelefon Becker AT 76 S/II	44 v. 15.04.85	44 v. 15.04.85
345	Autotelefon Becker AT 76 S/II	45 v. 02.09.85	46 v. 16.12.85
353	Autotelefon, Einbauteilesatz Becker AT 40 S	28 v. 13.09.79	31 v. 04.08.80
346	Autotelefon, Einbauteilesatz Becker AT 76 S	32 v. 20.07.81	40 v. 15.09.83
346	Autotelefon, Einbauteilesatz Becker AT 76 S/I	41 v. 02.01.84	43 v. 10.12.84
346	Autotelefon, Einbauteilesatz Becker AT 76 S/II	43 v. 10.12.84	44 v. 15.04.85
346	Autotelefon, Einbauteilesatz Becker AT 76 S/II	45 v. 02.09.85	46 v. 16.12.85
346	Autotelefon, Netz B 2, Einbauteilesatz Becker AT 76 S/II	47 v. 01.09.86	49 v. 01.06.87
314	Autotelefon, Netz C, Becker AT 70 BS	47/1 v. 01.09.86	52 v. 01.09.88
313	Autotelefon, Netz C, AEG-Becker AT 450 C	50 v. 11.09.87	50 v. 11.09.87
313	Autotelefon, Netz C, AEG-Becker AT 450 C-EBG	51 v. 01.02.88	51 v. 01.02.88
348	Autotelefon Becker AT 76 S mit klappbarer Konsole	32 v. 20.07.81	40 v. 15.09.83
348	Autotelefon Becker AT 76 S/I mit klappbarer Konsole	41 v. 02.01.84	43 v. 10.12.84
348	Autotelefon Becker AT 76 S/II mit klappbarer Konsole	44 v. 15.04.85	44 v. 15.04.85
348	Autotelefon Becker AT 76 S/II mit klappbarer Konsole	45 v. 02.09.85	46 v. 16.12.85
347	Autotelefon, Einbauteilesatz Becker AT 76 S mit klappbarer Konsole	32 v. 20.07.81	40 v. 15.09.83
347	Autotelefon, Einbauteilesatz Becker AT 76 S/I mit klappbarer Konsole	41 v. 02.01.84	43 v. 10.12.84
347	Autotelefon, Einbauteilesatz Becker AT 76 S/II mit klappbarer Konsole	43 v. 10.12.84	44 v. 15.04.85
347	Autotelefon, Einbauteilesatz Becker AT 76 S/II mit klappbarer Konsole	45 v. 02.09.85	46 v. 16.12.85
347	Autotelefon, Netz B 2, Einbauteilesatz Becker AT 76 S/II mit klappbarer Konsole	47 v. 01.09.86	49 v. 01.06.87
315	Autotelefon, Netz C, Becker AT 70 BS mit klappbarer Konsole	47/1 v. 01.09.86	52 v. 01.09.88
319	Autotelefon, Netz C, AEG-Becker AT 450 C mit klappbarer Konsole	50 v. 11.09.87	50 v. 11.09.87
319	Autotelefon, Netz C, AEG-Becker AT 450 C-EBG mit klappbarer Konsole	51 v. 01.02.88	51 v. 01.02.88
263	Autotelefon **TeKaDe** BSA 31 S	28 v. 13.09.79	31 v. 04.08.80
273	Autotelefon TeKaDe BSA 33	32 v. 20.07.81	40 v. 15.09.83

Codes der Sonderausstattungen II Alphabetisch nach Schlüsselbegriffen sortiert

		enthalten in den Preislisten	
		von Nr.	bis Nr.
276	Autotelefon TeKaDe BSA 33 mit klappbarer Konsole	32 v. 20.07.81	40 v. 15.09.83
276	Autotelefon TeKaDe BSA 33 A mit klappbarer Konsole	41 v. 02.01.84	43 v. 10.12.84
265	Autotelefon, Einbauteilesatz TeKaDe BSA 31 S	28 v. 13.09.79	31 v. 04.08.80
274	Autotelefon, Einbauteilesatz TeKaDe BSA 33	32 v. 20.07.81	40 v. 15.09.83
274	Autotelefon, Einbauteilesatz TeKaDe BSA 33 A	41 v. 02.01.84	44 v. 15.04.85
274	Autotelefon, Einbauteilesatz TeKaDe BSA 33 A	45 v. 02.09.85	46 v. 16.12.85
274	Autotelefon, Netz B 2, Einbauteilesatz TeKaDe BSA 33 A	47 v. 01.09.86	49 v. 01.06.87
275	Autotelefon, Einbauteilesatz TeKaDe BSA 33 mit klappbarer Konsole	32 v. 20.07.81	40 v. 15.09.83
275	Autotelefon, Einbauteilesatz TeKaDe BSA 33 A mit klappbarer Konsole	41 v. 02.01.84	44 v. 15.04.85
275	Autotelefon, Einbauteilesatz TeKaDe BSA 33 A mit klappbarer Konsole	45 v. 02.09.85	46 v. 16.12.85
275	Autotelefon, Netz B 2, Einbauteilesatz TeKaDe BSA 33 A mit klappbarer Konsole	47 v. 01.09.86	49 v. 01.06.87
317	Autotelefon, Netz C, **Philips** BSA 44	47/1 v. 01.09.86	52 v. 01.09.88
318	Autotelefon, Netz C, Philips BSA 44 mit klappbarer Konsole	47/1 v. 01.09.86	52 v. 01.09.88
311	Autotelefon, Netz C, Einbauteilesatz, Becker AT 70, TeKaDe BSA 44	47 v. 01.09.86	49 v. 01.06.87
311	Autotelefon, Netz C, Einbauteilesatz AEG AT 450 C-EBG, Becker AT 70 BS, Philips BSA 44	50 v. 11.09.87	55 v. 01.09.89
325	Autotelefon C 2 in Ablageschale	56 v. 02.01.90	56 v. 02.01.90
325	Autotelefon C 2 in Ablageschale, einschl. Heckantenne	57 v. 16.02.90	61 v. 03.06.91
312	Autotelefon, Netz C, Einbauteilesatz Becker AT 70, TeKaDe BSA 44 mit klappbarer Konsole	47 v. 01.09.86	49 v. 01.06.87
312	Autotelefon, Netz C, Ets. AEG AT 450 C-EBG, Becker AT 70 BS, Philips BSA 44 mit klappb. Kons.	50 v. 11.09.87	55 v. 01.09.89
326	Autotelefon C 2 in Armlehne vorne	56 v. 02.01.90	56 v. 02.01.90
326	Autotelefon C 2 in Armlehne vorne, einschl. Heckantenne	57 v. 16.02.90	61 v. 03.06.91
323	Autotelefon und Zubehör, Telefon Einbauteilesatz	56 v. 02.01.90	61 v. 03.06.91
328	Autotelefon und Zubehör, **Freisprechanlage**	58 v. 01.10.90	61 v. 03.06.91
354	Autotelefon, **Dachantenne**, erzeugt nicht zu beseitigende Windgeräusche	28 v. 13.09.79	44 v. 15.04.85
355	Heckantenne, auch für Taxi-Funk (2 m Band) verwendbar	28 v. 13.09.79	44 v. 15.04.85
310	Autotelefon, Heckantenne, auch für Taxi-Funk (450 - 470 Mhz)	45 v. 02.09.85	47 v. 01.09.86
310	Autotelefon, Heckantenne Netz C, auch für Taxi-Funk (450 - 470 Mhz)	47/1 v. 01.09.86	61 v. 03.06.91
355	Autotelefon, Heckantenne, auch für Taxi-Funk (2 m Band) verwendbar	45 v. 02.09.85	46 v. 16.12.85
355	Autotelefon, Heckantenne, auch für Taxi-Funk (146 - 174 MHz)	47 v. 01.09.86	47 v. 01.09.86
355	Autotelefon, Heckantenne Netz B 2, auch für Taxi-Funk (146 - 174 MHz)	47/1 v. 01.09.86	61 v. 03.06.91
673	**Batterie mit größerer Kapazität**	28 v. 13.09.79	44 v. 15.04.85
673	Batterie mit größerer Kapazität	45 v. 02.09.85	45/1 v. 12.09.85
673	Batterie mit größerer Kapazität	51 v. 01.02.88	61 v. 03.06.91
451	**Drehzahlmesser**	28 v. 13.09.79	44 v. 15.04.85
451	Drehzahlmesser	45 v. 02.09.85	61 v. 03.06.91
300	**Edelholzbox** zwischen den Vordersitzen	52 v. 01.09.88	61 v. 03.06.91
301	Edelholzbox zwischen Fondsitzen, SEC, bei SEL nur in Verbindung mit Code 224	53 v. 13.02.89	61 v. 03.06.91
551	**Einbruch- und Diebstahl-Alarmanlage**	28 v. 13.09.79	28 v. 13.09.79

551	Einbruch- und Diebstahl-Warnanlage	29 v. 24.03.80	44 v. 15.04.85
551	Einbruch- und Diebstahl-Warnanlage	45 v. 02.09.85	61 v. 03.06.91
533	**Entstörung** für nachträglichen Radio- und FM-Funk	28 v. 13.09.79	38 v. 01.07.83
452	**Fanfare Zweiklang**	28 v. 13.09.79	44 v. 15.04.85
452	Fanfare Zweiklang	45 v. 02.09.85	61 v. 03.06.91
583	**Fensterheber**, elektrisch, 2-fach	28 v. 13.09.79	44 v. 15.04.85
583	Fensterheber, elektrisch, 2-fach	45 v. 02.09.85	52 v. 01.09.88
583	Fensterheber, elektrisch, 2-fach	53 v. 13.02.89	59 v. 02.01.91
584	Fensterheber, elektrisch, 4-fach	28 v. 13.09.79	44 v. 15.04.85
584	Fensterheber, elektrisch, 4-fach	45 v. 02.09.85	61 v. 03.06.91
682	**Feuerlöscher**, montiert, 2 kg Halon	28 v. 13.09.79	44 v. 15.04.85
682	Feuerlöscher, montiert, 2 kg Halon	45 v. 02.09.85	61 v. 03.06.91
220	Türkontakt Fondtüren	28 v. 13.09.79	35 v. 26.07.82
876	**Fondbeleuchtung** und Türkontakt Fondtüren	28 v. 13.09.79	44 v. 15.04.85
876	Fondbeleuchtung und Türkontakt Fondtüren	45 v. 02.09.85	59 v. 02.01.91
226	**Fußstützen** im Fond, SEL	47 v. 01.09.86	59 v. 02.01.91
294	**Gardine** für Heckscheibe	28 v. 13.09.79	28 v. 13.09.79
295	Gardinen für Fondtürscheiben	28 v. 13.09.79	28 v. 13.09.79
286	**Gepäcknetz** an Fahrer- und Beifahrerlehne	28 v. 13.09.79	44 v. 15.04.85
286	Gepäcknetz an Fahrer- und Beifahrerlehne	45 v. 02.09.85	51 v. 01.02.88
285	Pompadourtasche an Fahrer- und Beifahrerlehne	52 v. 01.09.88	61 v. 03.06.91
420	**Getriebe**, automatisch, Mittelschaltung	28 v. 13.09.79	44 v. 15.04.85
420	Getriebe, automatisch, Mittelschaltung, 4-Gang mit Programmwähler	45 v. 02.09.85	59 v. 02.01.91
428	Getriebe, mechanisch, Mittelschaltung, 5-Gang	33 v. 01.09.81	44 v. 15.04.85
428	Getriebe, mechanisch, Mittelschaltung, 5-Gang	45 v. 02.09.85	59 v. 02.01.91
542	**Handschuhkastenschloss**	28 v. 13.09.79	44 v. 15.04.85
248	**Heckscheibe**, elektrisch heizbar, Verbundglas	28 v. 13.09.79	44 v. 15.04.85
248	Heckscheibe, elektrisch heizbar, Verbundglas	45 v. 02.09.85	59 v. 02.01.91
731	**Holzausführung Wurzelnuß**	39 v. 15.08.83	44 v. 15.04.85
731	Holzausführung Wurzelnuß	45 v. 02.09.85	61 v. 03.06.91
487	Hydropneumatische Rundumfederung, 8-Zyl.-SEL	28 v. 13.09.79	28 v. 13.09.79
487	**Hydropneumatische Federung**, 8-Zyl.-SEL	29 v. 24.03.80	44 v. 15.04.85
487	Hydropneumatische Federung, 8-Zyl.-SEL, bei 560 SEL mit automatischer Niveau-Veränderung	45 v. 02.09.85	46 v. 16.12.85
215	Hydropneumatische Federung, 8-Zyl.-SEL, mit automat. Niveauabsenkung und gesteuerter Dämpfung	47 v. 01.09.86	59 v. 02.01.91
580	**Klimaanlage**	28 v. 13.09.79	44 v. 15.04.85
580	Klimaanlage	45 v. 02.09.85	61 v. 03.06.91
581	Klimatisierungsautomatik	28 v. 13.09.79	44 v. 15.04.85
581	Klimatisierungsautomatik	45 v. 02.09.85	61 v. 03.06.91
835	**Kokosmatten**, 4-teilig naturfarben	28 v. 13.09.79	44 v. 15.04.85

Codes der Sonderausstattungen III Alphabetisch nach Schlüsselbegriffen sortiert

		enthalten in den Preislisten	
		von Nr.	bis Nr.
430	**Kopfstützen im Fond**, 2-fach	28 v. 13.09.79	44 v. 15.04.85
430	Kopfstützen im Fond, 2-fach	45 v. 02.09.85	61 v. 03.06.91
307	**Kühlbox** im Kofferraum	41 v. 02.01.84	44 v. 15.04.85
307	Kühlbox im Kofferraum	45 v. 02.09.85	61 v. 03.06.91
280	**Lederlenkrad** und -schalthebel	43 v. 10.12.84	44 v. 15.04.85
280	Lederlenkrad und -schalthebel	45 v. 02.09.85	54 v. 01.09.89
280	Lederlenkrad und -schalthebel, Durchmesser 400 mm	55 v. 01.09.89	61 v. 03.06.91
640	**Leichtmetallräder**, 5-fach	28 v. 13.09.79	44 v. 15.04.85
640	Leichtmetallräder, 5-fach	45 v. 02.09.85	58 v. 01.10.90
640	Leichtmetallräder, 5-fach 15 -Loch	59 v. 02.01.91	61 v. 03.06.91
822	**Leistungsteigerung** (ECE) auf 220 kW/300 PS bei 560 SEL/SEC	45 v. 02.09.85	49 v. 01.06.87
441	**Lenksäule**, verstellbar	28 v. 13.09.79	28 v. 13.09.79
441	Lenksäule, elektrisch einstellbar	45 v. 02.09.85	61 v. 03.06.91
877	**Leseleuchten im Fond**, 2 Stück	28 v. 13.09.79	44 v. 15.04.85
877	Leseleuchten im Fond, 2 Stück	45 v. 02.09.85	59 v. 02.01.91
480	**Niveauregulierung**	28 v. 13.09.79	44 v. 15.04.85
480	Niveauregulierung an der Hinterachse	45 v. 02.09.85	61 v. 03.06.91
515	**Radio Becker** Avus Kurier MU	35 v. 26.07.82	44 v. 15.04.85
515	Radio Becker **Avus** Kurier MU	45 v. 02.09.85	57 v. 16.02.90
518	Radio Becker Avus Cassette Kurier MU, Cassette Stereo	37 v. 08.12.82	44 v. 15.04.85
518	Radio Becker Avus Cassette Kurier MU, Cassette Stereo	45 v. 02.09.85	46 v. 16.12.85
518	Radio Becker Avus Cassette electronic Vollstereo Kurier MU	47 v. 01.09.86	57 v. 16.02.90
514	Radio Becker **Europa** LMKU	28 v. 13.09.79	36 v. 01.09.82
257	Radio Becker Europa Kurier LMKU mit integriertem Verkehrsfunk-Decoder		34 v. 04.01.82
257	Radio Becker Europa Kurier LMKU	35 v. 26.07.82	44 v. 15.04.85
257	Radio Becker Europa Kurier LMKU	45 v. 02.09.85	57 v. 16.02.90
512	Radio Becker Europa Cassette LMKU, Rundfunkempfang Mono, Stereo über Cassette	28 v. 13.09.79	28 v. 13.09.79
512	Radio Becker Europa Cassette Vollstereo LMKU	29 v. 24.03.80	36 v. 01.09.82
254	Radio Becker Europa Cassette Kurier LMKU mit integriertem Verkehrsfunk-Decoder	28 v. 13.09.79	28 v. 13.09.79
254	Radio Becker Europa Cassette Vollstereo Kurier LMKU mit integriertem Verkehrsfunk-Decoder	29 v. 24.03.80	34 v. 04.01.82
254	Radio Becker Europa Cassette Vollstereo Kurier LMKU	35 v. 26.07.82	42 v. 03.09.84
254	Radio Becker Europa Cassette electronic Vollstereo Kurier MU	43 v. 10.12.84	44 v. 15.04.85
254	Radio Becker Europa Cassette electronic Vollstereo Kurier MU	45 v. 02.09.85	57 v. 16.02.90
750	Radio Becker Europa 2000, einschl. 4 Lautsprechern und Überblendregler	58 v. 01.10.90	61 v. 03.06.91
516	Radio Becker **Grand Prix** LMKU	28 v. 13.09.79	34 v. 04.01.82
511	Radio Becker Grand Prix Cassette electronic Vollstereo Kurier LMU	37 v. 08.12.82	44 v. 15.04.85
511	Radio Becker Grand Prix Cassette electronic Vollstereo Kurier LMU	45 v. 02.09.85	57 v. 16.02.90

513	Radio Becker Grand Prix electronic Stereo Kurier LMU	37 v. 08.12.82	44 v. 15.04.85
513	Radio Becker Grand Prix electronic Stereo Kurier LMU	45 v. 02.09.85	55 v. 01.09.89
751	Radio Becker Grand Prix 2000 RDS, einschl. 4 Lautsprechern und Überblendregler	58 v. 01.10.90	61 v. 03.06.91
511	Radio Becker **Mexico Cassette** Vollstereo Reverse MU, einschl. 2 Hecklautsprechern	28 v. 13.09.79	30 v. 09.06.80
510	Radio Becker Mexico Cassette Electronic Kurier MU, einschl. 2 Hecklautsprechern	28 v. 13.09.79	34 v. 04.01.82
510	Radio Becker Mexico Cassette electronic Kurier MU, einschl. 2 Hecklautsprechern	35 v. 26.07.82	36 v. 01.09.82
510	Radio Becker Mexico Cassette electronic Vollstereo Kurier MU, einschl. 2 Hecklautsprechern	37 v. 08.12.82	37 v. 08.12.82
510	Radio Becker Mexico Cassette electronic Vollstereo Kurier LMKU, einschl. 2 Hecklautsprechern	38 v. 01.07.83	44 v. 15.04.85
510	Radio Becker Mexico Cassette electronic Vollstereo Kurier LMKU, einschl. 2 Hecklautsprechern	45 v. 02.09.85	49 v. 01.06.87
510	Radio Becker Mexico Diversity Cassette electronic Vollstereo Kurier MKU, einschl. 2 Heck-LS	50 v. 11.09.87	57 v. 16.02.90
258	Radio Becker **Mexico Compact Disc** electronic Vollstereo Kurier LMKU, einschl. 2 Heck-LS	47 v. 01.09.86	54 v. 01.09.89
258	Radio Becker Mexico Diversity Comp. Disc electronic Vollstereo Kurier LMKU, einschl. 2 Heck-LS	55 v. 01.09.89	61 v. 03.06.91
752	Radio Becker Mexico 2000, einschl. 4 Lautsprechern und Überblendregler	58 v. 01.10.90	61 v. 03.06.91
811	Hecklautsprecher, Mono, 2 Stück mit Überblendregler	28 v. 13.09.79	34 v. 04.01.82
812	Hecklautsprecher, Stereo, 2 Stück mit Überblendregler	28 v. 13.09.79	44 v. 15.04.85
812	Hecklautsprecher, Stereo, 2 Stück mit Überblendregler	45 v. 02.09.85	55 v. 01.09.89
812	Radiozubehör, 2 **Hecklautsprecher** Stereo mit Überblendregler	56 v. 02.01.90	61 v. 03.06.91
816	Radiozubehör, **Fernbedienung** für Radio Becker Mexico 2000	58 v. 01.10.90	61 v. 03.06.91
810	Sound-System, nur mit Code 510	50 v. 11.09.87	53 v. 13.02.89
810	Sound-System, nur mit Code 510 oder 258	54 v. 01.09.89	55 v. 01.09.89
810	Radiozubehör, **Sound-System**, nur mit Code 510 und 258	56 v. 02.01.90	56 v. 02.01.90
810	Radiozubehör, Sound-System, nur mit Code 258 oder 752	57 v. 16.02.90	61 v. 03.06.91
263	**Radzierblenden** in Flankenschutzfarbe	55 v. 01.09.89	59 v. 02.01.91
645	Reifen, M+S Haft-Gürtelreifen 4-fach	29 v. 24.03.80	44 v. 15.04.85
645	Reifen, M+S **Winterreifen**	45 v. 02.09.85	61 v. 03.06.91
245	**Reiserechner**	42 v. 03.09.84	44 v. 15.04.85
245	Reiserechner	45 v. 02.09.85	61 v. 03.06.91
540	**Rollo**, **elektrisch** für Heckfenster, nur in Verbindung mit Code 506	47 v. 01.09.86	61 v. 03.06.91
875	**Scheibenwaschanlage**, beheizt	53 v. 13.02.89	61 v. 03.06.91
600	**Scheinwerferwischeranlage**	29 v. 24.03.80	44 v. 15.04.85
600	Scheinwerferwischeranlage	45 v. 02.09.85	61 v. 03.06.91
410	**Schiebedach**, elektrisch	29 v. 24.03.80	44 v. 15.04.85
412	Schiebe-Hebe-Dach, elektrisch	45 v. 02.09.85	61 v. 03.06.91
422	**Servolenkung**	29 v. 24.03.80	35 v. 26.07.82
422	Servolenkung	37 v. 08.12.82	44 v. 15.04.85
339	**Sitze**, Fahrersitz niedriger ca. 25 mm	28 v. 13.09.79	31 v. 04.08.80
340	Sitze, Beifahrersitz niedriger ca. 25 mm, nur lieferbar mit **Sitzhöhenverstellung**	28 v. 13.09.79	31 v. 04.08.80
572	Sitzhöhenverstellung mit zusätzl. Längsverstellung, Beifahrersitz	28 v. 13.09.79	32 v. 20.07.81
572	Sitzhöhenverstellung mit zusätzl. Längsverstellung, Vordersitz rechts	33 v. 01.09.81	44 v. 15.04.85

Codes der Sonderausstattungen IV Alphabetisch nach Schlüsselbegriffen sortiert

		enthalten in den Preislisten	
		von Nr.	bis Nr.
221	Sitze, **Fahrersitz elektrisch verstellbar**	28 v. 13.09.79	32 v. 20.07.81
221	Sitze, Vordersitz, elektrisch verstellbar links	33 v. 01.09.81	44 v. 15.04.85
221	Sitze, Vordersitz, elektrisch verstellbar links	45 v. 02.09.85	61 v. 03.06.91
222	Sitze, Beifahrersitz elektrisch verstellbar	28 v. 13.09.79	32 v. 20.07.81
222	Sitze, Vordersitz, elektrisch verstellbar rechts	33 v. 01.09.81	44 v. 15.04.85
222	Sitze, Vordersitz, elektrisch verstellbar rechts	45 v. 02.09.85	61 v. 03.06.91
223	Sitze, Fondsitz, elektrisch verstellbar, SEL	28 v. 13.09.79	44 v. 15.04.85
223	Sitze, Fondsitz, elektrisch verstellbar, SEL	45 v. 02.09.85	59 v. 02.01.91
224	Sitze, **Coupé-Sitzanlage**, elektrisch verstellbar, SEL	42 v. 03.09.84	44 v. 15.04.85
224	Sitze, Coupé-Sitzanlage, elektrisch verstellbar, SEL	45 v. 02.09.85	59 v. 02.01.91
241	Sitze, **Memory-Schaltung** für Vordersitz elektrisch verstellbar, links	39 v. 15.08.83	41 v. 02.01.84
241	Sitze, Vordersitz, elektrisch verstellbar links mit Memory	42 v. 03.09.84	44 v. 15.04.85
241	Sitze, Vordersitz, elektrisch verstellbar links mit Memory	45 v. 02.09.85	61 v. 03.06.91
242	Sitze, Memory-Schaltung für Vordersitz elektrisch verstellbar, rechts	39 v. 15.08.83	41 v. 02.01.84
242	Sitze, Vordersitz, elektrisch verstellbar rechts mit Memory	42 v. 03.09.84	44 v. 15.04.85
242	Sitze, Vordersitz, elektrisch verstellbar rechts mit Memory	45 v. 02.09.85	61 v. 03.06.91
404	Sitze, **Fahrerlehne orthopädisch**	28 v. 13.09.79	32 v. 20.07.81
404	Sitze, Vordersitzlehne, orthopädisch links	33 v. 01.09.81	44 v. 15.04.85
404	Sitze, Vordersitzlehne, orthopädisch links	45 v. 02.09.85	61 v. 03.06.91
405	Sitze, Beifahrerlehne orthopädisch	28 v. 13.09.79	32 v. 20.07.81
405	Sitze, Vordersitzlehne, orthopädisch rechts	33 v. 01.09.81	44 v. 15.04.85
405	Sitze, Vordersitzlehne, orthopädisch rechts	45 v. 02.09.85	61 v. 03.06.91
561	Sitze, **Fahrersitz verstärkt**	28 v. 13.09.79	32 v. 20.07.81
561	Sitze, Vordersitz, verstärkt links	33 v. 01.09.81	44 v. 15.04.85
561	Sitze, Vordersitz, verstärkt links	45 v. 02.09.85	61 v. 03.06.91
562	Sitze, Beifahrersitz verstärkt	28 v. 13.09.79	32 v. 20.07.81
562	Sitze, Vordersitz, verstärkt rechts	33 v. 01.09.81	44 v. 15.04.85
562	Sitze, Vordersitz, verstärkt rechts	45 v. 02.09.85	61 v. 03.06.91
870	**Sitzheizung** elektrisch, Fahrersitz-Heizung	28 v. 13.09.79	32 v. 20.07.81
870	Sitzheizung elektrisch, Vordersitz links	33 v. 01.09.81	40 v. 15.09.83
871	Sitzheizung elektrisch, Beifahrersitz-Heizung	28 v. 13.09.79	32 v. 20.07.81
871	Sitzheizung elektrisch, Vordersitz rechts	33 v. 01.09.81	40 v. 15.09.83
873	Sitzheizung elektrisch, Vordersitze	41 v. 02.01.84	44 v. 15.04.85
873	Sitzheizung elektrisch, Vordersitze	45 v. 02.09.85	61 v. 03.06.91
872	Sitzheizung elektrisch, Fondsitz-Heizung	28 v. 13.09.79	32 v. 20.07.81
872	Sitzheizung elektrisch, Fondsitze	33 v. 01.09.81	44 v. 15.04.85
872	Sitzheizung elektrisch, Fondsitze	45 v. 02.09.85	59 v. 02.01.91

543	**Sonnenblenden** mit beleuchtetem Spiegel	28 v. 13.09.79	44 v. 15.04.85
543	Sonnenblenden mit beleuchtetem Spiegel	45 v. 02.09.85	61 v. 03.06.91
440	**Tempomat**, nur lieferbar bei automatischem Getriebe	28 v. 13.09.79	44 v. 15.04.85
440	Tempomat, nur lieferbar bei automatischem Getriebe	45 v. 02.09.85	61 v. 03.06.91
590	**Wärmedämmendes Glas** rundum mit heizbarer Heckscheibe Verbundglas	28 v. 13.09.79	44 v. 15.04.85
590	Wärmedämmendes Glas rundum mit Heckscheibe Verbundglas	45 v. 02.09.85	61 v. 03.06.91
592	Wärmedämmendes Glas rundum mit Bandfilter mit Heckscheibe Verbundglas	54 v. 01.09.89	61 v. 03.06.91
596	Wärmedämmendes Glas, klare Windschutzscheibe	42 v. 03.09.84	44 v. 15.04.85
596	Wärmedämmendes Glas, klare Windschutzscheibe	45 v. 02.09.85	53 v. 13.02.89
599	Wärmedämmendes Glas, klare Windschutzscheibe mit Heckscheibe Verbundglas	54 v. 01.09.89	61 v. 03.06.91
466	**Zentralverriegelung**	28 v. 13.09.79	44 v. 15.04.85
466	Zentralverriegelung	45 v. 02.09.85	61 v. 03.06.91
228	Zusatzheizung	28 v. 13.09.79	44 v. 15.04.85
228	Zusatzheizung	45 v. 02.09.85	46 v. 16.12.85
228	**Standheizung**	47 v. 01.09.86	61 v. 03.06.91

Fernbedienung: Für den Fond gab es die zusätzliche Radiokonsole.

Spot an: Diese kardanisch aufgehängte Leseleuchte ist auf ausdrücklichen Kundenwunsch hin eingebaut worden.

Interpretation einer Datenkarte

Die Datenkarte ist gleichsam die Geburtsurkunde eines jeden Fahrzeugs. Ein Duplikat dieser Codekarte, die den damaligen Auslieferungsumfang meist mit gestempeltem Datum des Bandablaufs darstellt, lässt sich heute nur noch im Werk anfordern.

In den werksseitig zentral gefertigten Codekarten-Duplikaten wurden aber in Einzelfällen auch nachträgliche Aufrüstungscodes beobachtet, sodass die verlässlichsten Angaben nur in der ursprünglichen Datenkarte zu finden sind. Wenn all diese Daten kurzfristig nicht vorhanden sind, mag das Karosserieschild neben der Kühlerversteifung erst einmal weiterhelfen, denn dort sind zumindest jene Codes der Sonderausstattungen (SA) eingeprägt, die karosserieseitige Vorbereitungen in der Produktion erforderten.

Für die individuelle Fahrzeugidentifizierung bleiben die Daten aus der originalen Fahrzeug-Datenkarte also unverzichtbar. Anhand der Codeziffern und des Produktionsdatum kann dann aber die zeitgeschichtliche, wort- und inhaltsgenaue Bezeichnung, etwa der Lackierung, der Polsterung oder der Sonderausstattung abgeleitet werden. Die in den Werkstätten und Niederlassungen gefertigten F-Doc oder VeDoc Ausfertigungen, auch als „data card" bezeichnet, dienen nur der zweckmäßigen Information für Wartungsarbeiten und Ersatzteil-Bestellungen. Sie geben die technische Konfiguration wieder und sind in Umfang und Beschreibung nicht mit der originalen Datenkarte vergleichbar.

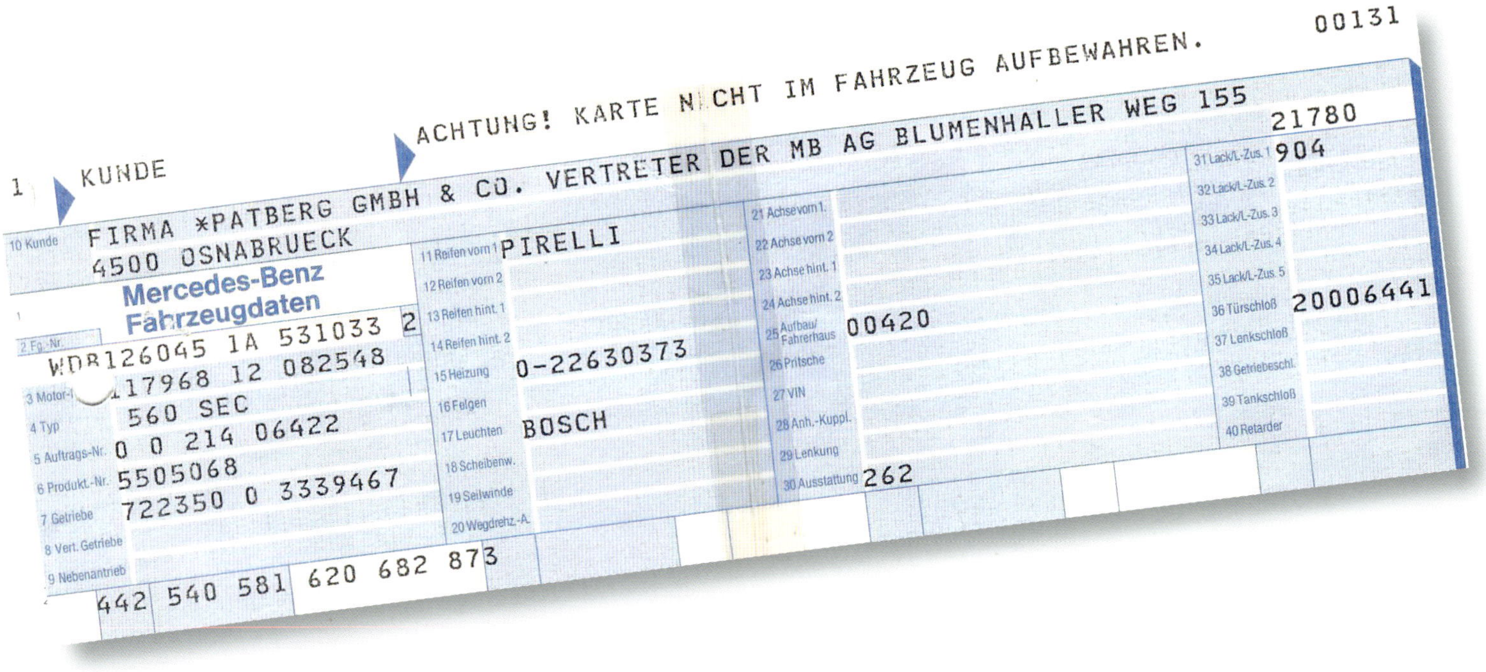
00131
ACHTUNG! KARTE NICHT IM FAHRZEUG AUFBEWAHREN.
1 KUNDE
10 Kunde FIRMA *PATBERG GMBH & CO. VERTRETER DER MB AG BLUMENHALLER WEG 155
4500 OSNABRUECK
Mercedes-Benz Fahrzeugdaten
2 Fg.-Nr. WDB126045 1A 531033 2
3 Motor-Nr. 117968 12 082548
4 Typ 560 SEC
5 Auftrags-Nr. 0 0 214 06422
6 Produkt.-Nr. 5505068
7 Getriebe 722350 0 3339467
8 Vert. Getriebe
9 Nebenantrieb
442 540 581 620 682 873
11 Reifen vorn 1 PIRELLI
12 Reifen vorn 2
13 Reifen hint. 1
14 Reifen hint. 2
15 Heizung 0-22630373
16 Felgen
17 Leuchten BOSCH
18 Scheibenw.
19 Seilwinde
20 Wegdrehz.-A.
21 Achse vorn 1
22 Achse vorn 2
23 Achse hint. 1
24 Achse hint. 2
25 Aufbau/Fahrerhaus 00420
26 Pritsche
27 VIN
28 Anh.-Kuppl.
29 Lenkung
30 Ausstattung 262
21780
31 Lack/L-Zus. 1 904
32 Lack/L-Zus. 2
33 Lack/L-Zus. 3
34 Lack/L-Zus. 4
35 Lack/L-Zus. 5
36 Türschloß 20006441
37 Lenkschloß
38 Getriebeschl.
39 Tankschloß
40 Retarder

Ausstattung eines	**560 SEC, Erstzulassung gemäß Zulassungspapieren am 14.01.91**
Serienausstattung gem. Katalog	
	Abgasreinigunganlage Antiblockiersystem ABS Armlehne, klappbar vorne und hinten Ausgleichgetriebe mit begrenztem Schlupf Außenspiegel, links und rechts beheizbar Außentemperaturanzeige Ausstiegsleuchten in den Türen Batterie mit größerer Kapazität Drehzahlmesser Fanfare, Zweiklang Fensterheber elektrisch 4-fach Getriebe automatisch 4-Gang mit Programmwähler Hecklautsprecher, Stereo mit Überblendregler Holzausführung Wurzelnuß Klimaanlage Kopfstützen im Fond 2-fach Lederlenkrad und -schalthebel Durchmesser 400 mm Leichtmetallräder 15-Loch 5-fach Lenksäule elektrisch einstellbar Niveauregulierung an der Hinterachse Pompadourtaschen an Fahrer- und Beifahrerlehne Radio Becker Mexico 2000 Antenne automatisch bei Radioeinbau 2 Hecklautsprecher Stereo mit Überblendregler Scheibenwaschanlage beheizt Scheinwerferwischeranlage Schiebe-Hebe-Dach elektrisch Vordersitze, elektrisch verstellbar mit Memory Sonnenblenden mit beleuchteten Spiegeln Tempomat wärmedämmendes Glas rundum mit Heckscheibe Verbundglas Zentralverriegelung
Angaben in der Datenkarte	
Erster Halter	Fa. Patberg GmbH, Vertreter der Mercedes-Benz AG, Osnabrück
Lackierung	904 – dunkelblau (Uni-Lack, Metallic als Option ohne Mehrpreis)
Ausstattung	262 – Leder blau (Sonderausstattung ohne Mehrpreis)
Sonderausstattung	442 – Airbag für Fahrer 540 – Rollo, elektrisch für Heckfenster 581 – Klimatisierungsautomatik 620 – Abgasreinigungsanlage (serienmäßig, Doppelangabe) 682 – Feuerlöscher, montiert, 2 kg Halon 873 – Sitzheizung elektrisch, Vordersitze

GE QQ 211